U0426866

湖北省地震灾害风险普查成果丛书

湖北省地震灾害风险评估与区划实践

HUBEI SHENG DIZHEN ZAIHAI FENGXIAN PINGGU YU QUHUA SHIJIAN

余　松　吴建超　查雁鸿　等编著

图书在版编目(CIP)数据

湖北省地震灾害风险评估与区划实践/余松等编著. —武汉：中国地质大学出版社，2024.7. —(湖北省地震灾害风险普查成果丛书). —ISBN 978 - 7 - 5625 - 5919 - 1

Ⅰ. P315.9

中国国家版本馆 CIP 数据核字第 2024B1T460 号

湖北省地震灾害风险评估与区划实践 余 松 吴建超 查雁鸿 **等编著**

责任编辑:周 豪 选题策划:周 豪 责任校对:徐蕾蕾

出版发行:中国地质大学出版社(武汉市洪山区鲁磨路 388 号) 邮政编码:430074

电 话:(027)67883511 传 真:(027)67883580 E-mail:cbb @ cug. edu. cn

经 销:全国新华书店 http://cugp. cug. edu. cn

开本:787mm×1092mm 1/16 字数:247 千字 印张:9.75

版次:2024 年 7 月第 1 版 印次:2024 年 7 月第 1 次印刷

印刷:湖北睿智印务有限公司

ISBN 978 - 7 - 5625 - 5919 - 1 定价:62.00 元

《湖北省地震灾害风险评估与区划实践》

编委会

序

2018年10月10日，中共中央总书记、国家主席、中央军委主席、中央财经委员会主任习近平主持召开中央财经委员会第三次会议，研究提高我国自然灾害防治能力。习近平在会上强调，加强自然灾害防治关系国计民生，要建立高效科学的自然灾害防治体系，提高全社会自然灾害防治能力，为保护人民群众生命财产安全和国家安全提供有力保障。会议指出，要针对关键领域和薄弱环节，推动建设若干重点工程。其中一项即是要开展自然灾害风险调查，掌握风险隐患底数。全国自然灾害综合风险普查是新中国成立以来第一次开展的提升自然灾害防治能力的基础性工作，是补齐自然灾害防治短板的重大战略行动。

按照国务院的安排部署，湖北省地震局高度重视，成立了技术力量雄厚、人员力量强大的"地震普查实施队伍"，统筹推进相关调查评估工作。项目开展以来调查并鉴别了全省67条断裂，厘定了32个潜在震源区，复核了40个历史中强震资料，夯实了全省地震风险评估与调查的基础。该书编著者系统梳理了第一次湖北省地震灾害风险普查项目的工作成果，将湖北省地震灾害风险评估与区划工作的精华集结成册，以飨读者。

该书系统地介绍了地震灾害风险评估技术方法和湖北省地震风险普查结果，从地质学、地震工程学、社会经济学等学科出发，对各个环节进行了深入探讨，包括基础数据收集、地震危险性分析、房屋抗震设防现状调查、地震灾害风险评估计算和区划等。

《湖北省地震灾害风险评估与区划实践》一书代表了地震科技工作者对湖北省地震灾害风险的最新认识，它不仅为科研人员、工程技术人员提供了参考，也为政府部门、规划部门在制定防震减灾政策、城乡建设规划、地震风险防治和应急备灾等方面提供了科学依据。在湖北省开展的第一次地震灾害风险普查实践及其总结，对于推动我国地震灾害风险评估与区划工作具有重要的意义。

2024年7月

前　言

我国是世界上地震活动强烈和地震灾害严重的国家之一。统计资料表明，世界上约35%的7级以上大陆地震发生在我国。20世纪全球因地震死亡的120万人中，我国就高达59万人。另外，我国有近1/3的国土位于Ⅶ度以上的高地震烈度区，这些地区时刻面临着大震巨灾的威胁。因而，积极开展防震减灾，最大限度地减轻地震灾害损失是我国的基本国策之一。

2008年汶川地震后，我国进一步加强了地震防灾减灾工作，地震灾害风险评估作为地震防灾减灾工作的重要基础得到了更加广泛的应用。地震灾害风险评估是指对一定区域内地震灾害发生的可能性、造成的损失以及影响程度进行的评估。它是地震防灾减灾工作的重要基础，是制定地震防灾减灾规划、实施地震防灾减灾措施的重要依据。

2016年7月28日，习近平总书记在视察唐山时提出了防灾减灾救灾新理念——“两个坚持、三个转变”。“两个坚持、三个转变”是根据自然灾害发生的规律和防灾减灾工作的实际情况提出的，是提高防灾减灾能力、保障人民生命财产安全的重要指导思想。新理念的提出，标志着我国防灾减灾工作进入了一个新的阶段，为提高我国防灾减灾能力、保障人民生命财产安全提供了科学指导。

为了深入贯彻落实习近平总书记关于防灾减灾系列重要论述和“两个坚持、三个转变”重要指示精神，2020年5月31日国务院办公厅印发了《关于开展第一次全国自然灾害综合风险普查的通知》(国办发〔2020〕312号)、国务院全国自然灾害综合风险普查领导小组办公室印发了《第一次全国自然灾害综合风险普查总体方案》(国灾险普办发〔2020〕32号)，决定在2020年至2022年开展“第一次全国自然灾害综合风险普查”工作。工作涉及地震、气象、水文、地质、林业、海洋六大类主要自然灾害，旨在摸清我国自然灾害风险底数，查明重点地区抗灾减灾能力，客观认识全国各地区自然灾害综合风险水平，提升灾害风险预警能力，为中央和地方各级人民政府有效开展自然灾害防治、切实保障经济社会可持续发展提供权威的灾害风险信息和科学决策依据。

湖北省地震局根据中国地震局和湖北省人民政府关于普查工作的总体部署和《第一次全国自然灾害综合风险普查总体方案》《第一次全国自然灾害综合风险普查实施方案》《湖北省第一次全国自然灾害综合风险普查实施方案》中的任务要求，完成了全省地震灾害风险评估与区划工作。

基于以上工作，本书全面系统地阐述了湖北省地震灾害风险评估与区划工作中的各个重点环节和核心成果。本书共分为7章，具体内容如下：

第一章首先概括性地介绍了地震灾害风险评估与区划的国内外研究现状及发展趋势、工作内容等，然后分析了我国实施地震灾害风险评估与区划的必要性，最后指出了今后成果推广与实践的主要内容和方向。

第二章介绍了湖北省地理位置与行政区划、地形地貌、地质构造背景、气候特征、人口特征、经济特征、地震活动特征和抗震设防变化等情况。

第三章对湖北省地震灾害风险评估与区划所使用的基础数据进行了介绍，主要包括建筑结构类型分类、人口、GDP、地震动参数区划结果、房屋等数据。

第四章从农村房屋抗震设防的工作概述、数据统计、结果评价、设防现状、设防对策与建议等方面，介绍了湖北省下辖17个地级行政区已完成的农村房屋抗震调查工作。

第五章以湖北地区地震地质和地震活动性的研究成果为基础，利用地震危险性分析的概率方法，对湖北省地震危险性等级进行了评估，并给出了评估结果。这是本次地震灾害风险普查工作的主要成果之一。

第六章详细阐述了本次地震灾害风险普查工作的另一项重要成果，即地震灾害风险评估。首先具体介绍了湖北省地震灾害风险评估的工作方法和工作流程，然后利用上述章节中介绍的基础数据以及地震危险性分析结果，对湖北省建筑物直接经济损失和人员死亡数量进行了评估，并给出了相应结果和空间分布图件。

第七章对湖北省地震危险性分析结果和地震灾害风险评估结果进行了总结，并结合湖北省防震减灾事业发展第十四个五年规划，对湖北省防震减灾工作提出对策和建议。

本书第一章由蔡永建、吴建超撰写，第二章由余松、汤勇撰写，第三章由胡庆、郭纪盛撰写，第四章由谭杰、李智撰写，第五章、第六章和第七章由吴建超、查雁鸿、孔宇阳共同撰写。全书由余松、吴建超负责汇总和统稿。书中插图和主要成果图件由查雁鸿、余松等负责绘制。

本书在编写过程中，得到了湖北省第一次全国自然灾害综合风险普查领导小组办公室、湖北省地震局（中国地震局地震研究所）、武汉地震工程研究院有限公司有关领导和专家的指导，借鉴了孙柏涛研究员等科研团队的研究成果，使用了全国地震灾害风险评估与区划系统平台，在此表示真诚的感谢！中国地震局地震研究所硕士研究生朱磊、李立雨参与了本书的文字编辑处理工作，在此表示衷心的感谢。

书中最终提出的结论和建议，供科技人员和管理人员参考，更精细化的地震灾害风险评估工作仍需要进一步开展。由于作者水平有限，书中难免存在疏漏之处，敬请读者批评指正。

编著者

2024年4月

目 录

第一章

地震灾害风险概述

自然灾害是人类社会经济可持续发展的一个重大障碍。我国是世界上受自然灾害影响最为严重的国家之一，存在着灾害种类多、影响范围广、发生频率高、造成损失重等特征。近年来，我国平均每年因各类自然灾害造成约 3 亿人(次)受灾，倒塌房屋约 300 万间，紧急转移安置人口约 800 万人，直接经济损失近 2000 亿元。随着我国社会经济的发展，同等灾害造成的损失在不断增加。1949 年以来，我国逐步建立起了一套较为完整的自然灾害救援、救济体系。然而，从 2008 年的南方雨雪冰冻灾害和汶川特大地震灾害等来看，我国防灾减灾工作凸显出来的最大问题是备灾不足，即对我国各地自然灾害风险分布情况的认识不足，这给抢险救灾工作等带来了巨大困难。因此，自然灾害风险研究对灾害管理显得尤其重要。在众多防灾减灾措施中，地震灾害风险评估与区划是减轻地震灾害损失最有效的途径。这一结论从海地地震(7.3 级，死亡 11.3 万人)与新西兰克赖斯特彻奇地震(7.2 级，重伤 2 人)灾情统计比较中很容易得出。

2018 年 10 月 10 日，习近平总书记主持召开中央财经委员会第三次会议，专题研究提高自然灾害防治能力，部署自然灾害防治能力提升“九项重点工程”，要求开展全国自然灾害综合风险普查。

为全面掌握我国自然灾害风险隐患情况，提升全社会抵御自然灾害的综合能力，2020 年 5 月，国务院办公厅印发《关于开展第一次全国自然灾害综合风险普查的通知》。近 3 年来，国务院第一次全国自然灾害综合风险普查领导小组各成员单位、各地区组织全国近 500 万人开展普查调查工作，共获取全国灾害风险要素数据数十亿条，全面完成了普查调查、数据质检和汇交任务。

第一节　国内外研究现状

一、国内研究现状

中国地震局从 20 世纪 70 年代末期开始着手开展地震灾害的风险防治工作，从与当时的城乡建设部门联合发布的第二代中国地震动参数区划图开始，逐步建立了各类房屋设施的抗震设防法规和技术标准体系。由于抗震设防要求采用了全国一致的重现期标准，各类设施的抗震设防实现了风险水平全国一致。1989 年山西大同地震后，地震损失评估工作首次进行。中国地震局于 1989 年对未来地震灾害损失预测进行了研究，编制了中国未来 50 年的地震灾害损失分布图，同年地震灾害损失的研究范围转向区域、重点城市。1997 年中国地震局地震预测研究所王晓青等完成了地震现场灾害损失评估系统的开发工作，该系统在 1998 年、2000 年和 2004 年进一步升级，在多次破坏性地震现场发挥了重要作用。同时孙柏涛和陈洪富基于 Web GIS 平台，开发了 HAZChina 地震灾害损失评估系统。该系统具有震害预测、地震应急指挥、地震现场损失评估、灾后科学考察和恢复等功能，为震前、震后提供一定决策信息。

近年来，我国地震灾害风险评估工作取得了较大进展，在技术体系、方法、应用等方面都取得了突破。在技术体系方面，我国建立了较为完善的地震灾害风险评估技术体系，包括地震危险性评估、承灾体脆弱性评估和地震灾害风险评估等。在方法方面，我国开展了多种地震灾害风险评估方法的研究，包括数值模拟方法、统计方法、概率方法等。在应用方面，我国地震灾害风险评估成果已在防震减灾规划、政策制定、工程建设、应急救援等方面得到了应用。

二、国外研究现状

从 20 世纪 70 年代到现在，各个国家在灾害风险研究与应用方面已经取得了很大的进步，同时很多学者对灾害风险进行了深入的研究。

国际上开展了灾害风险指标计划（Disaster Risk Index，DRI）、多发区指标计划（Hotspots）和美洲计划（American Program）等一系列全球和地区综合性的灾害风险评估工作。国际减灾委员会为了减轻地震灾害损失，批准了全球地震灾害评估计划。美国、法国和其他一些国家针对整个国家、地区、州、省等不同空间尺度区域和领域进行了风险评估与风险管理研究。2005 年经济合作与发展组织（Organization for Economic Coperation and Development，OECD）为了降低地震带来的损失，提议发展全球性的风险评估，将全球地震模型（global earthquake model，GEM）作为地震灾害和风险评估的权威性标准。

美国地震灾害风险评估工作开始于 1972 年，由美国国家海洋和大气局（National Oceanic and Atmospheric Administration，NOAA）对旧金山市进行评估研究。1977 年，在美国《联邦应急反应计划》框架下制订了国家地震灾害减轻计划，同年通过了立法，要求在地震易发区开展风险评价。1979 年 4 月 1 日，吉米·卡特总统签署了行政命令，创建了联邦应急管理局（Federal Emergency Management Agency，FEMA），从此联邦应急管理局在美国地震灾害的准备、防止、减轻、应对和恢复中担任重要角色。1985 年美国应用技术委员会（Applied Technology Council，ATC）完成并发表 ATC－13（易损性清单法）报告，提出了一套基于专家经验的震害评估方法（ATC－13），对加利福尼亚进行地震损失评估，此后 ATC 也一直被改进，相继产生 ATC－25、ATC－40、ATC－58 等方法。1997 年 FEMA 和 NIBS 基于地理信息系统研发了包含地震危险性、结构易损性和经济社会易损性等内容的地震灾害损失评估软件（HAZUS）。1999 年 HAZUS 进一步得到改善，升级为 HAZUS99。2004 年，该软件中添加了洪水和飓风等损失估算的功能，成为一种多灾种的灾害损失评估软件（HAZUS－MH），可以在震后快速准确评估地震造成的人员伤亡、建（构）筑物毁坏状况、经济损失和次生灾害。目前，HAZUS－MH 已得到广泛的应用。

日本在 1991 年建立了针对多灾种的应急处理防灾指挥机构——东京都防灾中心。1995 年大阪-神户地震后，为了能够快捷准确响应各种灾害并给出破坏信息以及灾害评估结果，日本建立了东京都灾害响应系统（DRS）、日本兵库县菲尼克斯灾害管理系统（Phoenix Disaster Management System）。

随着国际减灾工作的逐渐深入，国外很多学者相继开展了关于地震灾害风险的大量研究。Kawasumi 在 1951 年阐明了地震震级与烈度之间存在线性关系。1970 年 Lomnitz 基于智利地震震害资料探讨了地震引发的伤亡与地震发生的时间之间的关系，发现地震发生在当地时间 21 时左右引起的死亡人数最多。1976 年英国布拉福特大学的地理学者 Westgate 和 O'Keefe 最早探讨了易损性与人口和经济的相关性。1983 年 Ohta 等构建了地震死亡人数与建筑物破坏数量的数学模型。Davidson 在世界上首次提出了用地震灾害风险指数（Earthquake Disaster Disks Index，EDRI）定量分析不同城市间的地震风险水平和比较各个城市的潜在地震灾害相对严重程度以及不同因素对地震风险的贡献计划，并取得了相应的成果。

国外地震灾害风险评估的研究主要集中在以下几个方面：

（1）地震危险性评估。国外地震危险性评估的研究主要采用概率地震学方法，结合地震历史资料、地震构造特征和地震活动性等因素进行评估。此外，国外还开展了地震动评估、地震海啸评估等方面的研究。

（2）承灾体脆弱性评估。国外承灾体脆弱性评估的研究主要采用统计分析方法，结合建筑结构的抗震性能、使用功能和人员密集程度等因素进行评估。此外，国外还开展了地震工程系统脆弱性评估、地震社会脆弱性评估等方面的研究。

（3）地震灾害风险评估。国外地震灾害风险评估的研究主要采用贝叶斯估计、Monte Carlo 模拟等方法进行。此外，国外还开展了地震灾害风险区划、地震灾害风险管理等方面的研究。

三、主要研究方法

（一）地震危险性评估

地震危险性是指某一场地或某一区域在一定时间段内可能遭受到的最大地震影响，常通过地震烈度或地震动参数来直观表示。目前，我国地震危险性评估方法主要划分为确定性分析方法和概率分析方法两大类。

1. 确定性分析方法

确定性分析常用的方法包括地震构造法、最大历史地震法以及地震动参数综合评估3种。

确定性分析方法相较于其他方法应用于地震危险性分析研究工作较早。20世纪70年代，我国和苏联以地震活动性和地震地质为依据使用确定性分析方法编制地震区划图；美国于20世纪70年代初使用确定性方法以地震活动性为主编制区划图；日本Acharya等(1984)采用确定性方法以活断层为主编制区划图；Shahid等(2003)通过确定性方法，对巴基斯坦沿海地区完成地震危险性评估工作。

地震构造法主要应用于核电站设计中，是通过对研究区域发生大地震构造条件的分析，研究发震构造与震级之间的联系。现阶段，很多国家多采用地震破裂尺度和震级对应关系，来判断断层长度与震级的联系。

最大历史地震法的使用，主要是由于人类记载地震历史时间较短，现有资料不足以反映地震活动以及发震的真实情况，考虑最大历史地震，可与地震构造法达到相辅相成的作用。现阶段，各国多将历史地震资料作为研究分析的前期基础。

地震动参数综合评估需要获取地震动峰值加速度和反应谱，最后取地震构造法和最大历史地震法的最大峰值加速度以及计算相关反应谱。

2. 概率分析方法

概率分析方法最初是由美国麻省理工学院教授Cornell于1968年提出。我国现行“考虑地震活动时空不均匀性的概率地震危险性分析方法”是基于Cornell的理论框架，结合我国震害实际情况改进而成，简称CPSHA。1990年，我国完成编制第三代地震动参数区划图工作就是采用CPSHA。Ellingwood(2001)采用概率风险分析工具评估建筑结构系统的性能。张杰等(2003)依托地震构造相关条件，对水库坝址进行地震危险性分析。同年，Shahid等分别使用概率性方法和确定性方法，完成对巴基斯坦的地震灾害危险性评估。李彦恒等(2008)修正了极值方法中的4种分布模型。齐玉妍和金学申(2009)采用对比数学模型的方式，研讨确定出地震危险性的适用范围。王国新和梁树霞(2009)提取我国历史地震活动和等震线特征，构造出地震烈度衰减模型，优化升级了双态泊松模型，同时提出把地震活动期分为相对活动期和相对平静期两个周期。马干等(2009)依托华北地震相关资料，构建地震危险性计算概念模型，采用确定性方法，分析华北7个城市的最大地震记录。雷建成等(2010)首次通过构建潜在地震破裂面源模型来分析研究区域的地震危险性。魏桂春等(2010)依据研究区域的地质构造历史背景，结合研究区域的地震活动性，判断其潜在的中强震和强震危险震源区，进而确定地震动参数衰减规律和研究区域的地震活动性参数。

(二)承灾体脆弱性评估

脆弱性的概念,很早是在医学相关学科中被提出。随着概念的扩展和外延,它逐渐被应用于灾害研究领域。随着自然灾害领域的快速发展,相较于其他领域,自然灾害领域、生态领域等的脆弱性研究成果较多。然而,众多的脆弱性研究领域导致不同学科领域涉及的研究对象均有不同,从而致使脆弱性并没有一个完全统一的概念。通过整理,具有代表性的脆弱性定义有以下几种:早期的 Burton 等(1993)认为脆弱性是一种系统受到损失时的反应能力;Mitchell(1989)定义脆弱性为一种受到损失的反应能力;联合国相关单位认为脆弱性是灾害对承灾体的不同影响程度。随着灾害对社会经济影响程度的加强,各国政府以及学者开始逐渐加强对自然灾害脆弱性的研究。现阶段,在自然灾害脆弱性评价方法中较为常用的分为以下 3 类。

1. 基于历史灾情数据

该方法是早期地震灾害脆弱性研究工作中较为常用的评价方法。通过收集历史灾情信息,分析其脆弱性成因,从而达到脆弱性评价的效果。但是该方法存在一定的局限性。历史灾情数据往往存在数据不全、记载周期短等不足,无法很好地关联研究区域的相关指标,从而导致评价结果与实际情况存在偏差。

2. 基于指标体系

该方法是现阶段地震灾害脆弱性研究工作中较为常用的评价方法。通过查阅资料,依据研究区域的实际情况,筛选出与脆弱性相关的正相关指标与负相关指标,进而综合评价该研究区域的脆弱性。该方法在使用中,应在选取指标过程中,保证指标的科学性,最大可能地降低研究的主观性。由于该方法的科学性以及可操作性,国内外学者使用该方法,取得了较好的研究成果。陈香(2008)利用层次分析法(analytic hierarchy process,AHP)和加权综合评价法完成福建省暴雨洪涝灾害脆弱性评价;那伟(2008)采用熵权法确定指标权重,分别从不同的尺度、不同的区域对洪涝灾害的脆弱性进行评价;苏飞等(2013)选取影响因素的指标,借鉴评价指标构建评价模型完成脆弱性评价。

3. 基于灾害脆弱性曲线

该方法结合了数学学科相关理论,现阶段主要应用于洪涝、地震灾害中,根据已有数据分析灾害对不同建筑物的易损性。1950 年,日本使用灾害脆弱性曲线分析研究房屋建筑的构造与逾期价值的关系;Penning - Rowsell 和 Chatterton(1977)以建筑物和财产损失金额为指标构建了灾害脆弱性模型。澳大利亚资源与环境研究中心基于灾害脆弱性曲线建立了 ANUFLOOD 模型。

早在20世纪70年代左右，脆弱性相关理论逐渐被应用到地震灾害和地质灾害的研究领域。全球各个国家逐渐开始重视本国的地震灾害脆弱性研究工作，开展针对自身区域的地震灾害脆弱性研究工作。最具有代表性的国家研究工作，如：美国编制了主要城市灾害风险图；澳洲启动了"城市减灾项目"；加拿大研发了针对地震灾害脆弱性的软件分析工具；日本编制了本国地震区划图。20世纪末，国际减灾委员会提出5项全球减灾各方在未来需要应对的主要领域，其中4项均与脆弱性有所关联，包括人口集聚与城镇灾害、整体风险管控与脆弱性减弱、欠发达国家防灾水平、资源与环境脆弱性。

（三）地震灾害风险评估

随着自然灾害学科领域理论的完善，学者们逐渐认可，致灾因子发生概率不是导致自然灾害风险唯一要素，仅从单一致灾因子方面完成灾害风险评估是较为片面的。20世纪80年代，致灾因子和承灾体脆弱性共同作用导致自然灾害风险这一概念深入人心。20世纪90年代，Rachel（1997）采用地震灾害风险指数评估区域地震灾害。Norman和Emdad（2003）搭建了灾害风险评估的标准框架。尹之潜等（1995）依据抗震性能的不同，完成建筑物易损性分类，并提出结构易损性指数概念。王晓青等（2000）采用概率性方法，预测各类建筑物在特定自然灾害中的易损性和经济损失。Schmidt（2006）综合分析人为因素、洪水、地震等十几种致灾因子，完成研究区域的自然灾害综合风险评估。许建东等（2008）提出地震人员伤亡与压埋人员的评估方法。李志强（2012）以亚洲地区为研究对象，提出相关可行性计算方法。邓砚等（2013）提出创新概念，完成绘制防震减灾能力分布图。刘如山等（2014）提出了快速评估震后经济损失方法。Xia等（2020）采用建筑物致死水平模型评估地震人员伤亡情况。

四、研究发展方向和趋势

1. 研究发展方向

（1）完善技术体系。进一步完善地震灾害风险评估技术体系，提高评估的科学性和准确性。

（2）发展新方法。开发新的地震灾害风险评估方法，提高评估的效率和效益。

（3）拓展应用范围。将地震灾害风险评估成果应用于更广泛的领域，提高防震减灾工作的有效性。

2. 研究发展趋势

（1）更加注重综合性研究。地震灾害风险评估是一项复杂的系统工程，需要综合考虑地震危险性、承灾体脆弱性和社会经济等多方面因素。因此，未来地震灾害风险评估的研究将更加注重综合性研究，更加重视地震灾害风险的综合评价。

(2)更加注重应用性研究。地震灾害风险评估是防震减灾工作的重要基础。因此，未来地震灾害风险评估的研究将更加注重应用性研究，更加重视地震灾害风险评估成果在防震减灾工作中的应用。

(3)更加注重国际合作。地震灾害是全球性问题，需要国际合作才能有效应对。因此，未来地震灾害风险评估的研究将更加注重国际交流与合作。

3. 具体研究方向预估

(1)发展更为精准的地震危险性评估方法。目前，地震危险性评估方法存在一定局限性，需要进一步发展更为精准的方法，提高地震危险性评估的准确性。

(2)完善承灾体脆弱性评估模型。目前，承灾体脆弱性评估模型存在一定不足，需要进一步完善，提高承灾体脆弱性评估的准确性。

(3)发展地震灾害风险评估和区划的新方法。

地震灾害风险评估是防震减灾工作的重要基础。通过开展地震灾害风险评估，可以为防震减灾规划、政策制定、工程建设、应急救援等工作提供科学依据，提高防震减灾水平，降低地震灾害造成的损失。

第二节　实施地震灾害风险评估与区划的意义

地震灾害风险评估与区划是以往震害预测的延伸和拓展，是摸清各地地震灾害风险底数的重要手段，是减轻破坏性地震影响的关键步骤，是提升全社会地震灾害风险防范应对能力的重要途径，是地震灾害风险普查工作核心成果。通过评估地震的危害、脆弱性和风险，政府相关部门可以制定有效的防灾减灾救灾策略，以减少地震事件造成的生命伤亡和财产损失。

地震危险性评价涉及识别和评估特定地区发生地震的可能性。这包括分析历史地震记录、地质数据和活动断层，以确定未来地震的可能性和震级。

脆弱性评估重点关注建筑物、基础设施和社区对地震破坏的易损性。这包括评估建筑物的结构完整性、基础设施系统的韧性以及使社区或多或少容易受到地震破坏的社会和经济因素。

地震风险评估综合了灾害和脆弱性评估，以估计未来地震的潜在损失。这包括考虑地震发生的可能性、暴露元件的脆弱性以及损坏的潜在后果。

地震灾害风险评估的结果可以为各种降低风险的措施提供信息，具体体现在以下几方面：

(1)土地使用规划方面。将生命线工程、人口密集场所等关键基础设施选址远离地震高发地区，可以减少损坏和破坏的可能性。

(2)建筑规范和标准方面。建筑物抗震规范可以最大限度地降低倒塌风险,并确保建筑物能够承受地震的破坏力。

(3)抗震加固改造方面。依据评估结果,加固地震易发区建筑物,使其更加抗震,可以保护人民生命和财产安全。

(4)地震科普和防范意识方面。通过学校、社区和政府组织的防震减灾宣传教育活动,增强公众的防灾减灾意识,提高对地震风险和防备措施的认识,提升自我保护实际应对能力。

(5)应急准备计划方面。制订全面的应急计划可以确保社区做好有效应对地震后果的准备,增强应急预案的针对性、实用性和可操作性。

综上所述,实施地震灾害风险评估与区划对摸清各地地震灾害风险底数,提升全社会地震灾害风险防范应对能力,为有效开展自然灾害防治工作、保障经济社会可持续发展提供权威的灾害风险信息和科学决策依据等方面具有重要意义。

第三节 评估成果的推广与实践

一、评估成果推广与实践的主要方向

地震灾害风险评估的成果推广主要可以从以下几个方面开展:

(1)指导防震减灾规划和政策制定。地震灾害风险评估是防震减灾规划和政策制定的基础。通过对地震灾害风险的分析,可以明确地震灾害防治工作的重点区域和重点对象,为制定科学合理的防震减灾规划和政策提供依据。

(2)优化地震防治工程布局。地震灾害风险评估可以为地震防治工程的布局优化提供科学依据。通过对地震灾害风险的分析,可以明确不同区域地震灾害风险的大小,为地震防治工程的选址、设计和施工提供指导。

(3)提高地震灾害应急救援效率。地震灾害发生后,地震灾害风险评估可以为地震灾害应急救援提供科学依据。通过对地震灾害风险的分析,可以明确震后灾情分布情况,为地震灾害应急救援的部署和实施提供指导。

二、评估成果的具体实践方向

具体来看,地震灾害风险评估的成果实践应用可以从以下几个方面开展。

(1)完善地震灾害风险评估技术体系。地震灾害风险评估是一项复杂的工程,需要综合考虑地震危险性、承灾体脆弱性和应急备灾能力等因素。因此,需要不断完善地震灾害风险评估技术体系,提高评估的科学性和准确性。

(2)加强地震灾害风险评估人才培养。地震灾害风险评估是一项专业性很强的工作,需要专业的人才来开展。因此,需要加强地震灾害风险评估人才培养,为地震灾害风险评估工作的开展提供人才保障。

(3)加大地震灾害风险评估宣传普及力度。地震灾害风险评估是防震减灾工作的重要基础。需要加大地震灾害风险评估宣传普及力度,提高公众对地震灾害风险的认识,增强公众的防震减灾意识。

(4)加强地震灾害风险评估的推广应用,可以为防震减灾工作提供科学依据,提高防震减灾工作的有效性,降低地震灾害造成的损失。

第二章

湖北省基本概况

第一节　地理位置和行政区划

湖北省，简称“鄂”，中华人民共和国省级行政区，省会武汉市。地处中国中部地区，东邻安徽省，西连重庆市，西北与陕西市接壤，南接湖南省、江西省，北与河南省毗邻（图 2-1），介于北纬 29°01′53″—33°6′47″、东经 108°21′42″—116°07′50″之间，东西长约 740km，南北宽约 470km，总面积 18.59 万 km^2，占中国总面积的 1.94%。最东端是黄梅县，最西端是利川市，最南端是来凤县，最北端是郧西县。

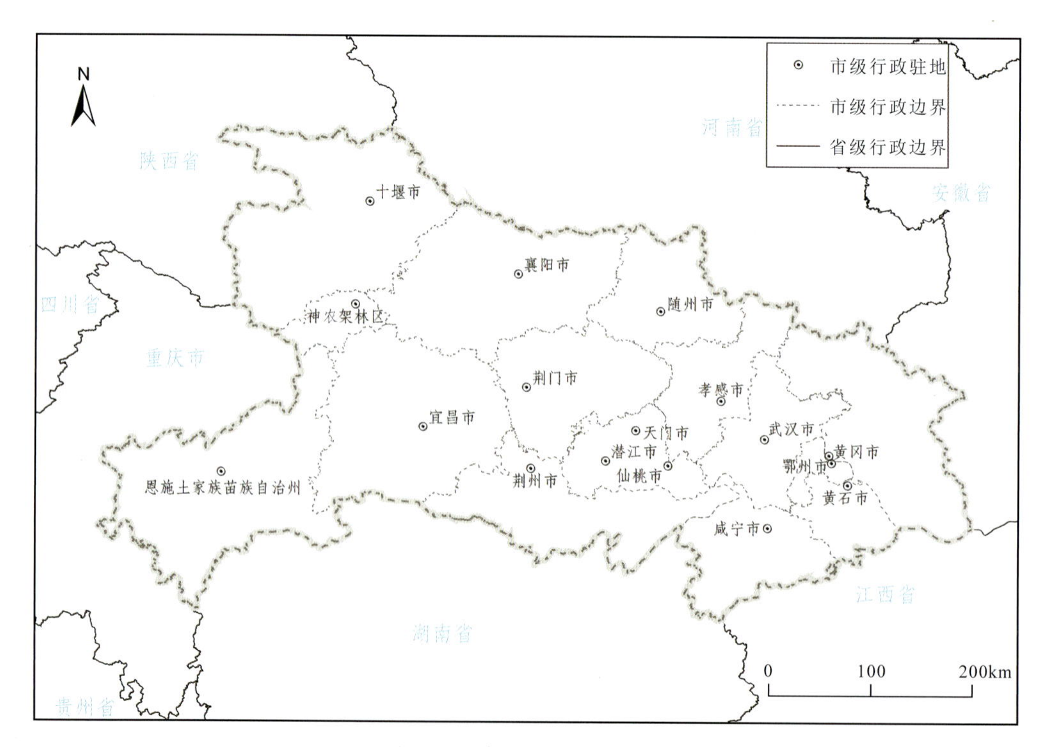

图 2-1　湖北省行政区划图

湖北省是国家承东启西、连南接北的重要交通枢纽，拥有水路、公路、铁路、航空立体交通网络。截至 2020 年底，湖北省内有长江、汉江、清江等重要水道，河航道通航里程 8667km（高等级航道 2090km）；全省高速公路里程达到 7230km，位居全国第七、中部第一，省际出口通道达到 26 个，基本形成对外与周边省市便捷连接，对内中心城市快速直达、县市联通的高速公路网络；沪蓉高铁、京广高铁、武九客专、武西高铁、武咸城际、武孝城际等形成了以武汉为中心的高铁城际网，已建和在建高铁网络覆盖全省所有市州，武汉至国内主要城市群实现高铁 4～6h 通达，与长江中游主要城市实现高铁 2～3h 通达；武汉天河机场、鄂州花湖机场、襄阳刘集机场、荆州沙市机场等形成了湖北省“双枢纽、多支线”航空运输网络。全省公路总里程、内河高等级航道里程均进入全国前三，交通四通八达，为我国腹地水陆空交通枢纽。

截至 2021 年末，湖北省下辖 13 个地级行政区，即武汉市、黄石市、襄阳市、荆州市、宜昌市、十堰市、孝感市、荆门市、鄂州市、黄冈市、咸宁市、随州市和恩施土家族苗族自治州（简称“恩施州”）；103 个县级行政区，即 39 个市辖区、26 个县级市、35 个县、2 个自治县、1 个林区，其中，仙桃市、潜江市、天门市和神农架林区由省直管。

第二节 地形地貌

湖北省位于长江中游，地处中国地貌第二阶梯与第三阶梯的过渡地带，地势总体西高东低，西、北、东三面环山，外高、内低，向南敞开，形成一个不完整的盆地。根据海拔高度、形态特征，全省地貌可划分为山地、丘陵、平原湖区等类型（图 2-2）。

山地：湖北省山地大致分为四大块。西北山地为秦岭东延部分和大巴山的东段。秦岭东延部分称武当山脉，呈北西-南东走向，群山叠嶂，岭脊海拔一般在 1000m 以上，最高处为武当山天柱峰，海拔 1 612.1m。大巴山东段由神农架、荆山、巫山组成，森林茂密，河谷幽深。神农架最高峰为神农顶，海拔 3 106.2m，素有“华中第一峰”之称。荆山呈北西-南东走向，其地势向南趋降为海拔 250～500m 的丘陵地带。巫山地质复杂，水流侵蚀作用强烈，一般相对高度在 700～1500m 之间，局部达 2000 余米。长江自西向东横贯其间，形成雄奇壮美的长江三峡，水利资源极其丰富。西南山地为云贵高原的东北延伸部分，主要有大娄山和武陵山，呈北东-南西走向，一般海拔 700～1000m，最高处狮子垴海拔 2152m。东北山地为绵亘于豫、鄂、皖边境的桐柏-大别山脉，呈北西-南东走向。桐柏山主峰太白顶海拔 1140m，大别山主峰天堂寨海拔 1 729.13m。东南山地为蜿蜒于湘、鄂、赣边境的幕阜山脉，略呈北东-南西走向，主峰老鸦尖海拔 1 656.7m。

丘陵：湖北省丘陵主要分布在两大区域，即鄂中丘陵和鄂东北丘陵。鄂中丘陵包括荆山与大别山之间的江汉河谷丘陵，大洪山与桐柏山之间的涢水流域丘陵。鄂东北丘陵以低丘为主，地势起伏较小，丘间沟谷开阔，土层较厚，宜农宜林。

平原湖区：湖北省内主要平原为江汉平原和鄂东沿江平原。江汉平原由长江及其支

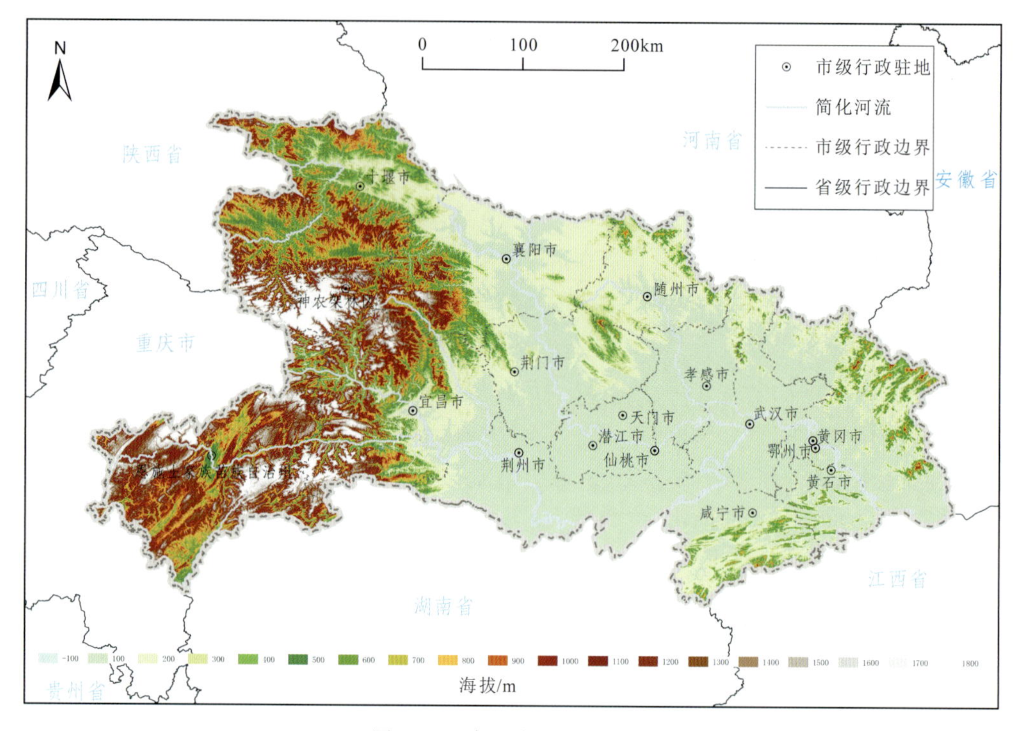

图 2－2　湖北省地形地貌图

流汉江冲积而成，是比较典型的河积湖积平原，面积 4 万余平方千米，整个地势由西北微向东南倾斜，地势平坦，湖泊密布，河网交织。大部分地面海拔 20～100m。鄂东沿江平原也是江湖冲积平原，主要分布在嘉鱼至黄梅沿长江一带，为长江中游平原的组成部分。这一带注入长江的支流短小，河口三角洲面积狭窄，加之河间地带河湖交错，夹有残山低丘，因而平原面积收缩，远不及江汉平原平坦宽阔。

第三节　地质构造背景

湖北省地处我国中部长江中下游地区，地跨华北和华南两大一级活动块体，毗邻秦岭-大别造山带。然而，相对四川、云南等地而言，湖北省新构造活动较弱，发生强震、破坏性地震的概率较小。

湖北省在地质构造上，跨越秦岭褶皱系与扬子准地台两大构造单元。以青峰-襄阳-广济断裂为界，断裂北侧为秦岭褶皱系，南侧为扬子准地台。秦岭褶皱系属中央造山带的组成部分，属于强烈变形构造单元，带内发育活动断裂，控制着破坏性地震的发生。扬子准地台在大地构造属性上属于准稳定性质，但仍有破坏性地震沿断裂分布。

湖北省有多条更新世以来的活动断裂，以北北西向和北北东向断裂为主，各断裂在新构造运动时期的活动大多表现为正断性质，两盘垂向错动较大，水平错距不明显，不同区域断裂活动强度不同。湖北省内主要地震构造有青峰断裂、竹山断裂、襄樊-广济断裂、南漳-荆门断裂、郯庐断裂南段、麻城-团风断裂、恩施-咸丰断裂等。这些较大规模的断裂控制了整个湖北省地震活动空间分布的基本格局；另外还有一些规模较小的一系列断裂，它们控制着其周边中小地震活动分布。

全省除缺失上志留统上部与下泥盆统下部外，其余地层出露齐全、层序完整、沉积类型众多，遍布全省。岩浆活动频繁，自中太古代以来漫长的地质演化过程中，形成了多期侵入、就位机制多样、成因复杂、演化有序、岩石类型齐全、空间展布与构造背景相契合的系列侵入岩，主要分布于大别山地区、鄂西黄陵地区和鄂东南地区。变质岩以区域变质岩最为发育，是由与地壳发生和发展密切相关的区域变质作用形成，主要分布于武当—桐柏—大别地区，该区出露有世界上面积最大、保留最为完好的超高压变质带——大别山超高压变质带。省内岩土体划分为土体工程地质岩类、碎屑岩工程地质岩类、碳酸盐岩工程地质岩类、变质岩工程地质岩类、岩浆岩工程地质岩类五大工程地质岩类。

第四节　气候特征

湖北省地处亚热带，位于典型的季风区内。全省除高山地区外，大部分为亚热带季风性湿润气候，光能充足，热量丰富，无霜期长，降水充沛，雨热同季。

一、日照

湖北省大部分地区太阳年辐射总量为355～477kJ/cm^2，多年平均实际日照时数为1100～2150h。其地域分布特征是鄂东北向鄂西南递减，鄂北、鄂东北最多，为2000～2150h；鄂西南最少，为1100～1400h。季节分布特征是夏季最多，冬季最少，春秋两季因地而异。

二、气温

湖北省年平均气温为15～17℃，大部分地区冬冷、夏热，春季气温多变，秋季气温下降迅速。一年之中，1月最冷，大部分地区平均气温为2～4℃；7月最热，除高山地区外，平均气温为27～29℃，极端最高气温可达40℃以上。全省无霜期在230～300d之间。

三、降水

湖北省年平均降水量在800～1600mm之间。降水地域分布呈由南向北递减趋势，鄂西南最多达1600mm，鄂西北最少为800mm。降水量分布有明显的季节性变化特征，一般是夏季最多，冬季最少，夏季降水量在300～700mm之间，冬季降水量在30～

190mm之间。6月中旬至7月中旬降水量最多，强度最大，是梅雨期。

第五节　人口特征

截至2020年12月31日，湖北省常住人口约5775.26万人（表2－1），其中，城镇3 632.04万人，乡村2 143.22万人。城镇化率达62.89%。全年出生人口48.32万人，出生率为8.28‰；死亡人口44.76万人，死亡率为7.67‰，人口自然增长率0.61‰。

表2－1　湖北省人口分布表

地区	常住人口		占总人数比重	
	常住人口数/人	位次	2020年	2010年
湖北省	57 752 557	全国第10位	占全国4.09%	占全国4.27%
武汉市	12 326 518	全省第1位	占全省21.34%	占全省17.1%
黄石市	2 469 079	全省第11位	占全省4.28%	占全省4.24%
十堰市	3 209 004	全省第8位	占全省5.56%	占全省5.84%
宜昌市	4 017 607	全省第6位	占全省6.96%	占全省7.09%
襄阳市	5 260 951	全省第3位	占全省9.11%	占全省9.61%
鄂州市	1 079 353	全省第15位	占全省1.87%	占全省1.83%
荆门市	2 596 927	全省第10位	占全省4.5%	占全省5.02%
孝感市	4 270 371	全省第5位	占全省7.39%	占全省8.41%
荆州市	5 231 180	全省第4位	占全省9.06%	占全省9.94%
黄冈市	5 882 719	全省第2位	占全省10.19%	占全省10.77%
咸宁市	2 658 316	全省第9位	占全省4.6%	占全省4.3%
随州市	2 047 923	全省第12位	占全省3.55%	占全省3.78%
恩施州	3 456 136	全省第7位	占全省5.98%	占全省5.75%
仙桃市	1 134 715	全省第14位	占全省1.96%	占全省2.05%
潜江市	886 547	全省第16位	占全省1.54%	占全省1.65%
天门市	1 158 640	全省第13位	占全省2.01%	占全省2.48%
神农架林区	66 571	全省第17位	占全省0.12%	占全省0.13%

湖北省是一个多民族省份，现有55个少数民族，据2020年第七次人口普查统计，少数民族常住人口约277.11万人，占全省总人口的4.80%。万人以上的少数民族主要有土家族、苗族、回族、侗族、满族、蒙古族、维吾尔族和彝族。其中土家族228.58万人，苗

族21.4万人，回族7.64万人，侗族6.27万人。有1个自治州（恩施土家族苗族自治州）、2个自治县（长阳土家族自治县和五峰土家族自治县）以及12个民族乡（镇）、37个民族村（社区）。民族地区“一州两县”区域面积2.95万km^2，约占全省总面积的1/6。湖北省少数民族人口呈大分散、小聚居的分布格局，除土家族、苗族、侗族主要聚居在民族自治地区外，其余少数民族散居在全省各地。

第六节 经济特征

据湖北省统计局初步核算，2021年，全省生产总值为50 012.94亿元，按可比价格计算，比上年增长12.9%。其中，第一产业增加值4 661.67亿元，增长11.1%；第二产业增加值18 952.90亿元，增长13.6%；第三产业增加值26 398.37亿元，增长12.6%。三次产业结构由2020年的9.6∶37.1∶53.3调整为9.3∶37.9∶52.8。在第三产业中，交通运输仓储和邮政业、批发和零售业、住宿和餐饮业、金融业、房地产业、其他服务业增加值分别增长22.9%、18.3%、19.9%、4.5%、9.3%、12.4%。人均地区生产总值为86 416元，按可比价格计算，比上年增长13.8%。

全省居民消费价格比上年上涨0.3%，涨幅比上年回落2.4%。其中，城市上涨0.4%，农村与上年持平。分类别看，交通通信价格上涨4.0%，教育文化娱乐价格上涨2.4%，生活用品及服务价格上涨0.4%，医疗保健价格上涨0.1%；其他用品及服务价格下降2.3%，食品烟酒价格下降1.5%；居住和衣着价格与上年持平。全省工业生产者出厂价格上涨4.1%，工业生产者购进价格上涨8.5%。

全省新登记市场主体113.97万户，比上年增长51.6%。全省市场主体突破650.30万户，增长15.0%。

全省城镇新增就业93.77万人，超额完成2021年目标任务。2021年末全省城镇登记失业率为2.99%。

第七节 地震活动特征

一、破坏性地震

湖北省有地震记载以来共发生过$M \geqslant 4.7$级地震41次，其中$M4.7 \sim 4.9$级地震17次，$M5 \sim 5.9$级地震21次，$M6 \sim 6.9$级地震3次，无$M7$级以上地震。湖北省内最早破坏性地震记载是公元前143年6月7日湖北竹山西南$M5$级地震，震中烈度为Ⅵ度；最近一次地震为2019年12月26日湖北应城$M4.9$级地震，震中烈度为Ⅵ度；最大一次地震为788年3月12日湖北房县—陕西安康间M6½级地震，震中烈度为Ⅷ度(表2-2)。

表2-2 湖北省破坏性地震目录(公元前143年—2021年)

编号	发震时间 年-月-日	震中位置			精度	震源 深度/km	震级	震中 烈度
		纬度/(°)	经度/(°)	参考地名				
1	公元前143-06-07	32.1	110.1	湖北竹山西南	3	—	5(?)	Ⅵ
2	788-03-12	32.4	109.9	湖北房县、陕西安康间	4	—	6½	Ⅷ
3	1336-03-09	30.2	116.0	安徽宿松、湖北黄梅间	2	—	4¾	Ⅵ
4	1351-08-30	30.6	111.8	湖北枝江北	3	—	4¾	—
5	1407-—-—	31.2	112.6	湖北钟祥	2	—	5½	Ⅶ
6	1465-03-04	31.86	112.2	湖北襄阳南	3	—	4¾	—
7	1469-11-13	31.2	112.6	湖北钟祥	2	—	5½	Ⅶ
8	1470-01-17	30.1	113.2	湖北武汉西南	3	—	5	—
9	1584-03-17	30.8	115.7	湖北英山	2	—	5½	—
10	1603-05-30	31.2	112.6	湖北钟祥	2	—	5	Ⅵ
11	1605-06-08	30.8	113.0	湖北钟祥东南	3	—	5	—
12	1614-05-10	30.6	114.6	湖北武昌等五府	3	—	5	—
13	1620-03-05	31.1	112.7	湖北钟祥东南	3	—	5	—
14	1629-04-—	30.3	115.1	湖北黄冈蕲州间	2	—	4¾	—
15	1630-夏	30.7	113.5	湖北天门汉川一带	3	—	5	Ⅵ
16	1630-10-14	30.2	113.2	湖北沔阳(今仙桃)沔城	2	—	5	Ⅵ
17	1632-—-—	32.4	109.7	湖北竹溪	—	—	5	—
18	1633-02-03	32.4	109.7	湖北竹溪	2	—	5	Ⅵ
19	1633-04-06	30.6	114.9	湖北黄冈	3	—	4¾	—
20	1634-03-30	30.7	115.4	湖北罗田	2	—	5½	Ⅶ
21	1640-09-—	30.5	114.9	湖北黄冈	2	—	5	Ⅵ
22	1742-—-—	32.1	110.8	湖北房县	2	—	5	Ⅵ
23	1850-05-09	29.9	112.3	湖北公安东南	3	—	4¾	—
24	1856-06-10	29.7	108.8	湖北咸丰、重庆黔江间	1	—	6¾	Ⅷ
25	1887-—-—	32.4	111.0	湖北武当山	2	—	4¾	Ⅵ
26	1897-01-05	29.9	115.2	湖北阳新	2	—	5	Ⅵ
27	1913-02-07	31.37	115.07	湖北麻城	2	—	5	Ⅵ
28	1931-07-01	30.0	109.0	湖北利川南	—	—	5	Ⅵ

续表 2-2

编号	发震时间 年-月-日	震中位置			精度	震源深度/km	震级	震中烈度
		纬度/(°)	经度/(°)	参考地名				
29	1932-04-06	31.37	115.07	湖北麻城黄土岗	1	—	6	Ⅷ
30	1948-02-19	31.9	111.4	湖北保康	2	—	4¾	Ⅵ
31	1954-02-08	29.7	113.9	湖北蒲圻(今赤壁)	2	—	4¾	Ⅵ
32	1961-03-08	30.28	111.20	湖北宜都西	1	14	4.9	Ⅶ
33	1964-09-05	33.08	110.65	湖北郧西	1	9	4.9	—
34	1969-01-02	31.5	111.4	湖北保康	1	14	4.8	Ⅵ
35	1979-05-22	31.08	110.5	湖北秭归	1	16	5.1	Ⅶ
36	2006-10-27	31.48	113.08	湖北随州	1	9	4.7	—
37	2008-03-24	32.57	110.08	湖北竹山	1	8	4.7	—
38	2013-12-16	31.08	110.46	湖北巴东	1	5	5.1	Ⅶ
39	2014-03-27	30.90	110.80	湖北秭归	1	5	4.7	—
40	2014-03-30	30.90	110.80	湖北秭归	1	5	4.9	Ⅵ
41	2019-12-26	30.87	113.40	湖北应城	1	10	4.9	Ⅵ

注:"—"表示信息不详。定位精度:①1970 年以前地震:1 类≤10km;2 类≤25km;3 类≤50km;4 类≤100km;5 类>100km。②1970 年以后地震:1 类≤5km;2 类≤15km;3 类≤30km;4 类>30km。

湖北省内地震主要分布在江汉盆地周缘的钟祥—荆门—远安、随州—应城、咸宁—阳新—黄梅,三峡库区的巴东—秭归—宜昌地区以及鄂西北的竹山—竹溪等地区(图 2-3)。

二、现今地震活动

截至 2021 年 12 月 31 日,1970 年以来湖北省境内共记录 $2.0 \leqslant M \leqslant 4.6$ 级现代地震 1956 次,其中 $M2.0 \sim 2.9$ 级地震 1727 次,$M3.0 \sim 3.9$ 级地震 206 次,$M4.0 \sim 4.6$ 级地震 23 次。

湖北省现代地震分布与破坏性地震空间分布总体特征基本一致,但又稍有差异,地震在巴东—秭归、钟祥—荆门、武穴等地相对集中分布,其他地区散布(图 2-4)。

三、地震震源深度分布特征

通过对湖北省域所测定的 1970 年以来 $M \geqslant 2.0$ 级地震的震源深度特征进行分析统计,得到湖北省范围内地震的平均震源深度为 7.7km,其中约 91.41%的地震深度在 10km 之内,表明湖北省地震主要发生在上地壳范围内(表 2-3,图 2-5)。

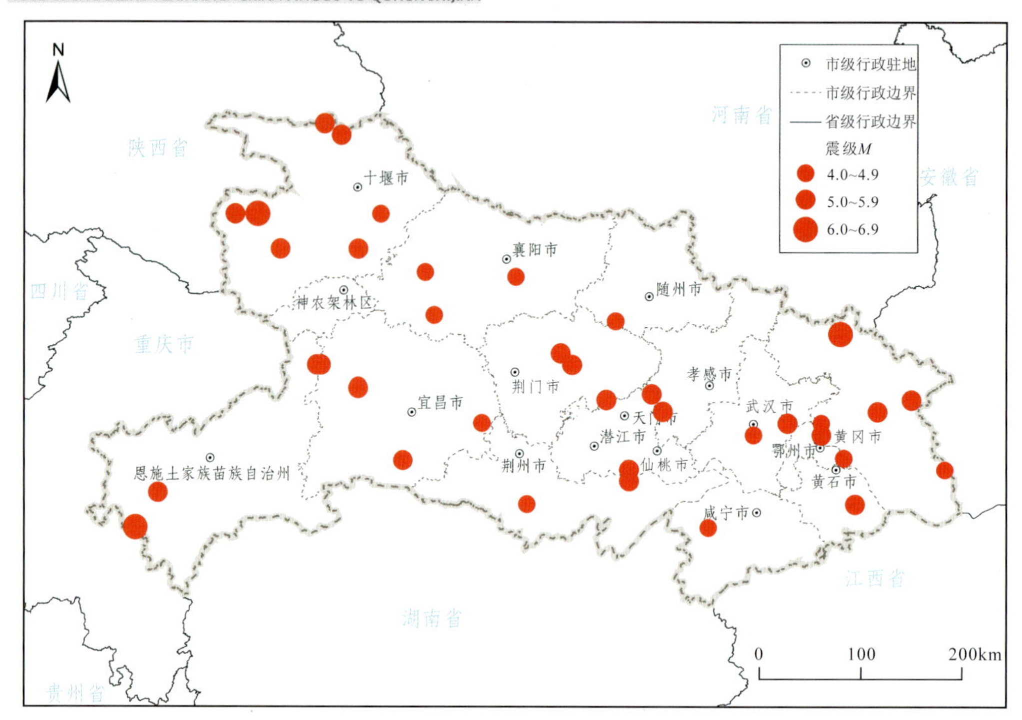

图 2-3　湖北省破坏性地震震中分布图

（公元前 143 年—2021 年 12 月，$M \geqslant 4.7$）

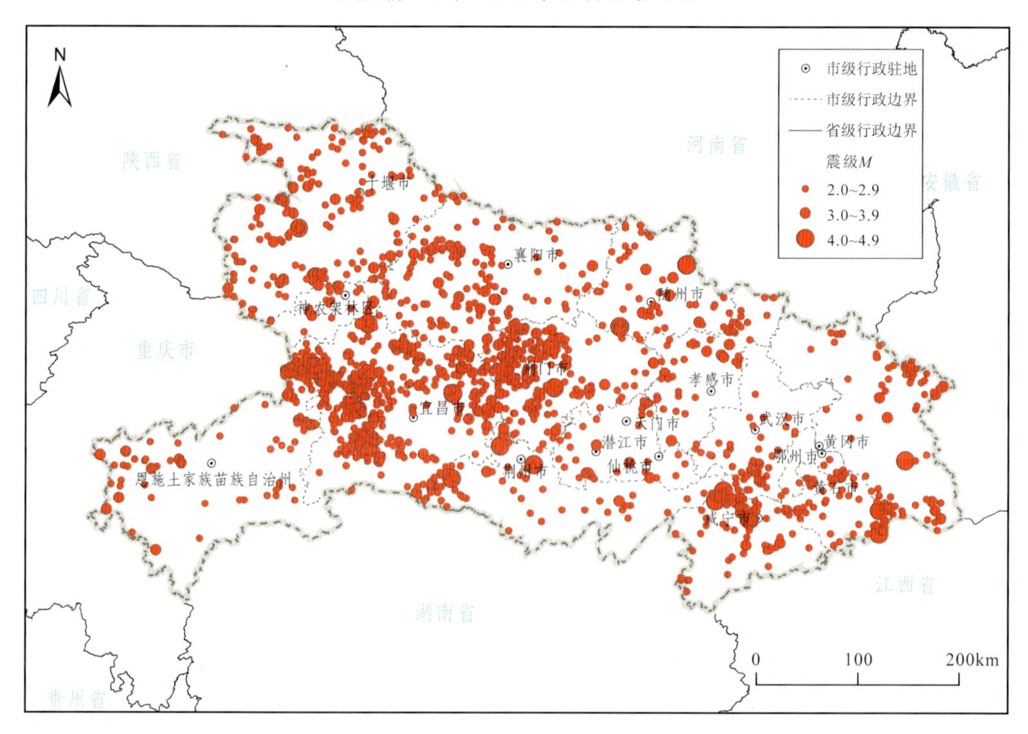

图 2-4　湖北省现代地震震中分布图

（1970 年—2021 年 12 月，$2.0 \leqslant M \leqslant 4.6$）

表 2-3　湖北省地震震源深度统计表

深度范围/km	1～5	6～10	11～15	16～20	＞20
地震次数/次	170	841	74	15	6
占总数/%	15.37	76.04	6.69	1.36	0.54

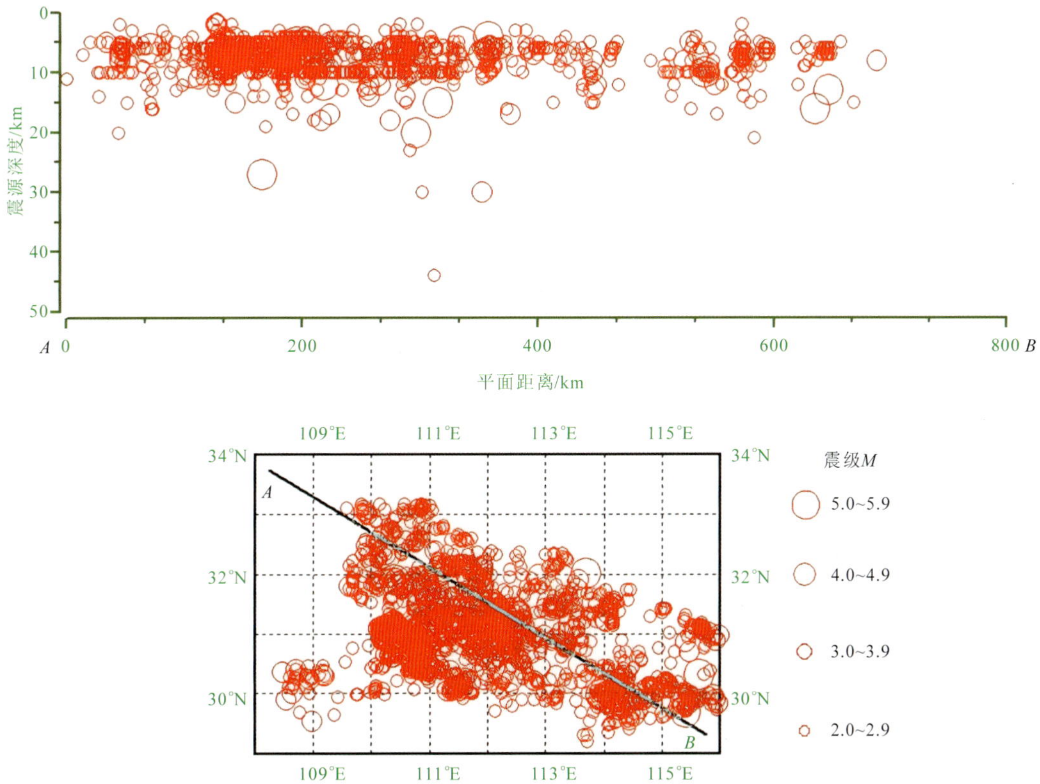

图 2-5　区域地震震源深度剖面及剖面位置图

四、地震活动特征

湖北省的地震活动具有以下特征：

(1)地震震源浅、易造成破坏。一般情况下，$M2.5$ 级地震有感，$M3.5$ 级地震就有可能造成破坏。

(2)水库地震灾害多。湖北省有 5800 多座水库，丹江、隔河岩、邓家桥、八仙洞等水库均发生过 $M3.0$ 级以上地震。

(3)因地基原因，易受外省地震影响。

第八节　抗震设防变化情况

2015 年 6 月 1 日,《中国地震动参数区划图》(GB 18306—2015)(以下简称“五代图”)正式颁布,并于 2016 年 6 月 1 日正式实施。我国现行《建筑抗震设计规范(2016 版)》(GB 50011—2010)提供的设计参数和设防目标,在立法层面上已经适用于我国抗震设防区内各乡镇(街道)及以上城镇地区和广大农村地区的建筑工程设计。相比于《中国地震动参数区划图》(GB 18306—2001)(以下简称“四代图”),湖北省的抗震设防主要有以下变化(图 2-6、图 2-7)。

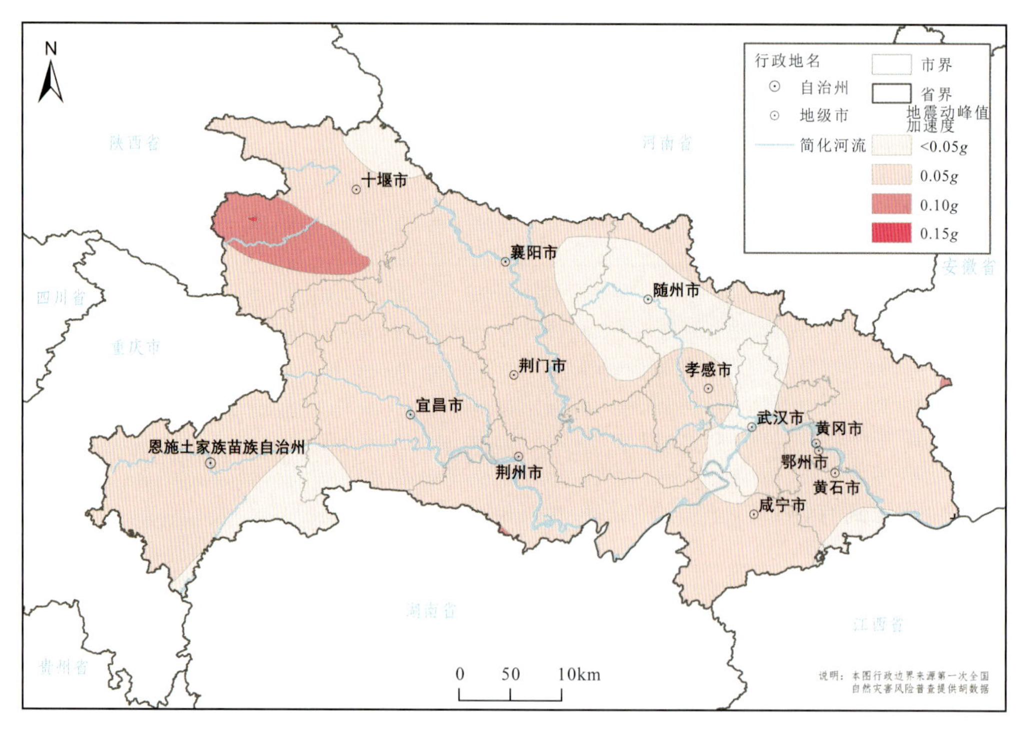

图 2-6　湖北省在四代图上的地震动峰值加速度分区图

(1)五代图全面取消“<0.05g 区”,四代图中处于“<0.05g 区”的县市整体提高至了 0.05g 区。具体包括:鄂西南(来凤县、宣恩县、鹤峰县、建始县、巴东县、长阳县、五峰县等);鄂西北(郧县、丹江口市等);鄂北(枣阳市、随州市、钟祥市、京山县、广水市、安陆市、孝感市、大悟县、黄陂区、汉川市、洪湖市等);鄂东南(通山县、阳新县、大冶市等)。

(2)从 0.05g 区提高到 0.10g 区的县市。具体包括:鄂西南(咸丰县);鄂西北(郧县、丹江口市、十堰市部分区域、老河口市、襄阳市);鄂东北(麻城市、罗田县、新洲区、黄冈

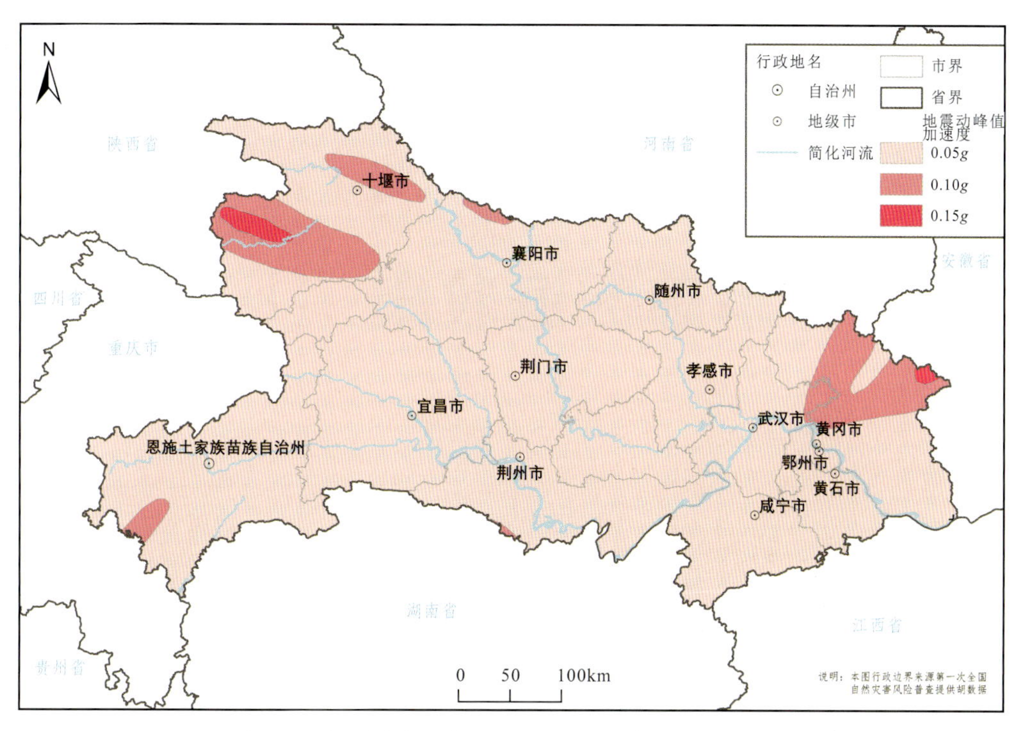

图 2－7　湖北省在五代图上的地震动峰值加速度分区图

市、浠水县、英山县）。

（3）0.15g 区范围增大的县市，四代图中该区很小，五代图范围扩大，即鄂西北（竹溪县、竹山县交界一带）。

（4）从无到有，新增加的 0.15g 区，即鄂东北的英山县。

第三章

湖北省基础数据收集

第一节 建筑结构类型分类

建筑结构的抗震能力与其结构构造形式和使用的建筑材料有很大关系。因此，不同类别的结构抗震性能存在明显的差别。本次评估与区划结合湖北省建筑物现状，为方便向地市、区县收集数据，对各类结构按建筑用途分为住宅与非住宅两类，按结构类型分为砌体结构、钢筋混凝土框架结构、钢筋混凝土框架剪力墙结构以及其他单层房屋四大类。其中，砌体结构分为单层、多层及底框架多层；钢筋混凝土框架结构分为多层与高层；钢筋混凝土框架剪力墙结构分为高层与超高层；其他单层房屋分为工业厂房、彩钢板房及其他（泥草房、混杂结构等）。

从各地市、区县收集完数据后，对各类结构重新分类与合并，主要包括高层建筑、多层钢筋混凝土结构、砌体结构、单层房屋及其他建筑类型。我国《高层建筑混凝土结构技术规程》（JGJ 3—2010）1.0.2 条规定：10 层及 10 层以上或房屋高度大于 28m 的住宅建筑以及房屋高度大于 24m 的其他高层民用建筑为高层建筑，其结构形式可分为框架结构、剪力墙结构、框架-剪力墙结构、板柱-剪力墙结构、筒体结构、框架-核心筒结构、筒中筒结构等，结合湖北省抗震设防现状及《建筑抗震设计规范（2016 版）》（GB 50011—2010）对各结构类型建筑物的限高要求（表 3 - 1），本次评估与区划将其统一为高层建筑类型。

高层建筑是世界各城市的生产和消费的发展达到一定程度后，出现的典型建筑结构。由于城市的发展，土地资源越来越珍贵，高层建筑可以带来明显的社会经济效益，极大地缩减建筑用地，集约市政建设投资资源，提高效率，缩短建筑工期，最大限度地使人口集中。高层建筑是住宅群、大型办公楼、重要医院、大型商场等人员分布密集建筑的首选结构类型，是湖北省最近 20 年间大量建设的结构类型。该类建筑数量总占比约为 2%，面积总占比约为 25%。

表 3-1 各类结构房屋适用的最大高度

结构类型	不同烈度适用最大高度(m)					
	Ⅵ(0.05g)	Ⅶ(0.1g)	Ⅶ(0.15g	Ⅷ(0.2g)	Ⅷ(0.3g)	Ⅸ(0.4g)
框架结构	60	50		40	35	24
板柱-剪力墙结构	80	70		55	40	不采用
框架一剪力墙结构	130	120		100	80	50
多层砌体结构	21	21	21	18	15	12
底框-剪力墙砌体结构	22	22	19	16	/	/

多层钢筋混凝土结构空间布设灵活,抗震性能好,是办公楼、住宅、学校、医院等承担各类重要社会职能且人员分布较密集建筑的首选结构类型,在湖北省该类建筑数量总占比约为5%,面积总占比约为20%。

砌体结构造价低廉、性价比高,是湖北省目前最主要的建筑结构形式,主要作为住宅使用,数量总占比约为8%,面积总占比约为30%。

由于经济、民族文化、不同地区发展程度等社会多元因素,湖北省仍现存包括土木结构、砖木结构、彩钢板结构、泥草房、混杂结构等其他结构形式,数量总占比约为85%,面积总占比约为25%。这些结构形式主要分布在广大的农村地区、县级行政区的郊区与乡镇聚居区。

第二节 人口数据

随着人口数据空间化研究的深入,人口数据空间化研究已形成了一系列具有代表性的模型和方法,主要有城市人口密度理论模型、面插值法、基于土地利用的人口密度模型以及基于自然、社会经济综合特征的人口密度模型。

本次评估与区划以全国自然灾害综合风险普查领导小组办公室(以下简称"国普办")提供的30s人口格网为基础,开展后续评估与区划工作。

据第七次人口普查结果,截止到2020年11月1日零时,湖北省常住人口5 768.07万人。湖北省103个县级行政区的人口数量在66 571~2 522 926人之间,其中人口数量超过100万人的有洪山区(252.29万人)、江夏区(130.85万人)、仙桃市(126.87万人)、天门市(115.86万人)、黄陂区(115.16万人)、监利市(112.08万人)、武昌区(110.22万人)7个县级行政区(图3-1)。不同街道(乡镇)的人口数量在0~48.47万人之间,其中洪山区的关东街道、关山街道、洪山街道,江夏区的纸坊街道,恩施州的舞阳坝街道人口数量超过25万人。湖北省常住人口高值区主要分布在各市的中心城区或各县级行政区中心街道。

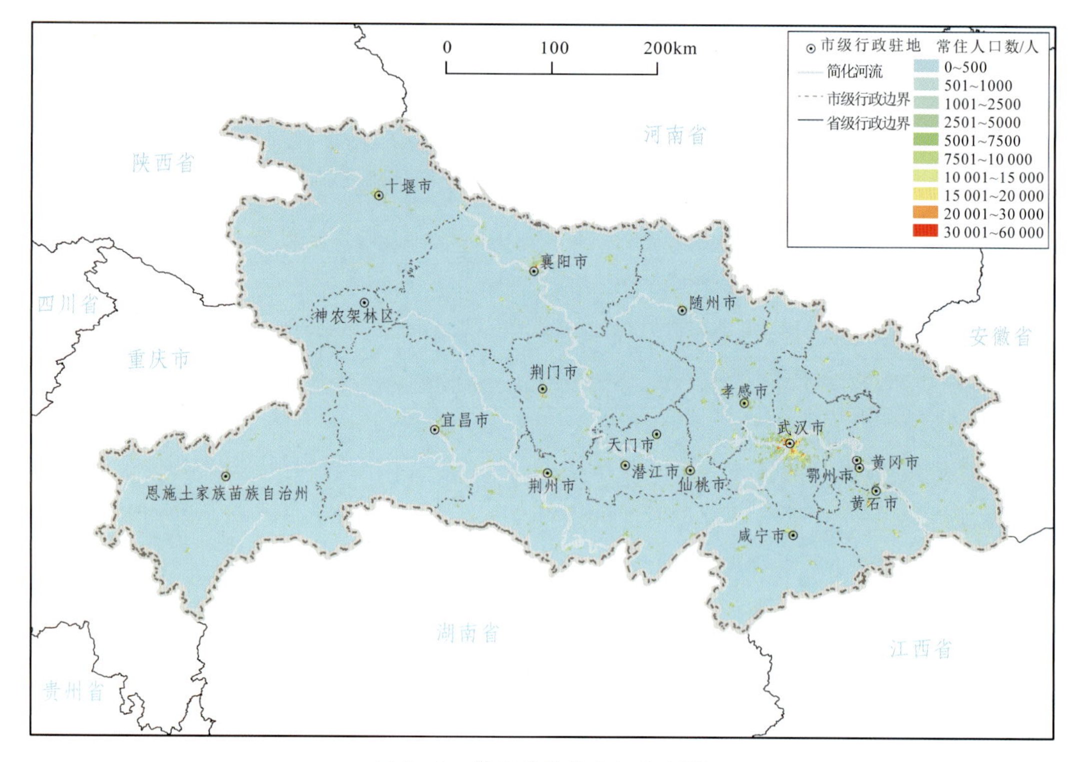

图 3-1 湖北省常住人口分布图

第三节 GDP 数据

GDP 是一个国家或地区所有常住单位在一定时期内生产活动的最终成果，是宏观经济指标或总量指标，可以反映一个地区的经济总量和总的生产能力以及一个地区经济增长的速度和经济运行基本状态，也是一个地区生产力发展和社会进步的重要综合标志。

区域抗震能力与 GDP 产值有着极为密切的关系，综合抗震减灾的质量和水平在很大程度上也取决于该地区的综合经济实力。抗震设防标准和建筑物抗震设计规范中建筑物抗震性能的高低也都与 GDP 有着极为密切的关系。

根据国普办提供的人口 GDP 格网数据，2020 年湖北省地区生产总值 41 826.30 亿元，其中武汉市 13 737.01 亿元，宜昌市 3 970.88 亿元，襄阳市 3 862.19 亿元，黄冈市 2 322.73 亿元，荆州市 2 321.48 亿元，孝感市 2 301.40 亿元，荆门市 1 999.55 亿元，十堰市 1 890.25 亿元，黄石市 1 711.08 亿元，咸宁市 1 594.98 亿元，随州市 1 162.22 亿元，恩施州 1 150.85 亿元，鄂州市 1 140.07 亿元，仙桃市 868.47 亿元，潜江市 812.63 亿元，天门市 650.82 亿元，神农架林区 32.86 亿元（图 3-2）。湖北省 103 个县级行政区人均可支配收入在 13 000～57 257 元之间，其中人均可支配收入在 5 万元以上的有江岸区、武昌区、江汉区、洪山区、汉阳区、青山区 6 个行政区。湖北省 GDP 格网分布与人口格网分布类似，高值区主要分布在各市的中心城区，如武汉市的各中心城区，黄石市的下陆区、黄石港区，宜昌市的西陵区，襄阳市的樊城区等。

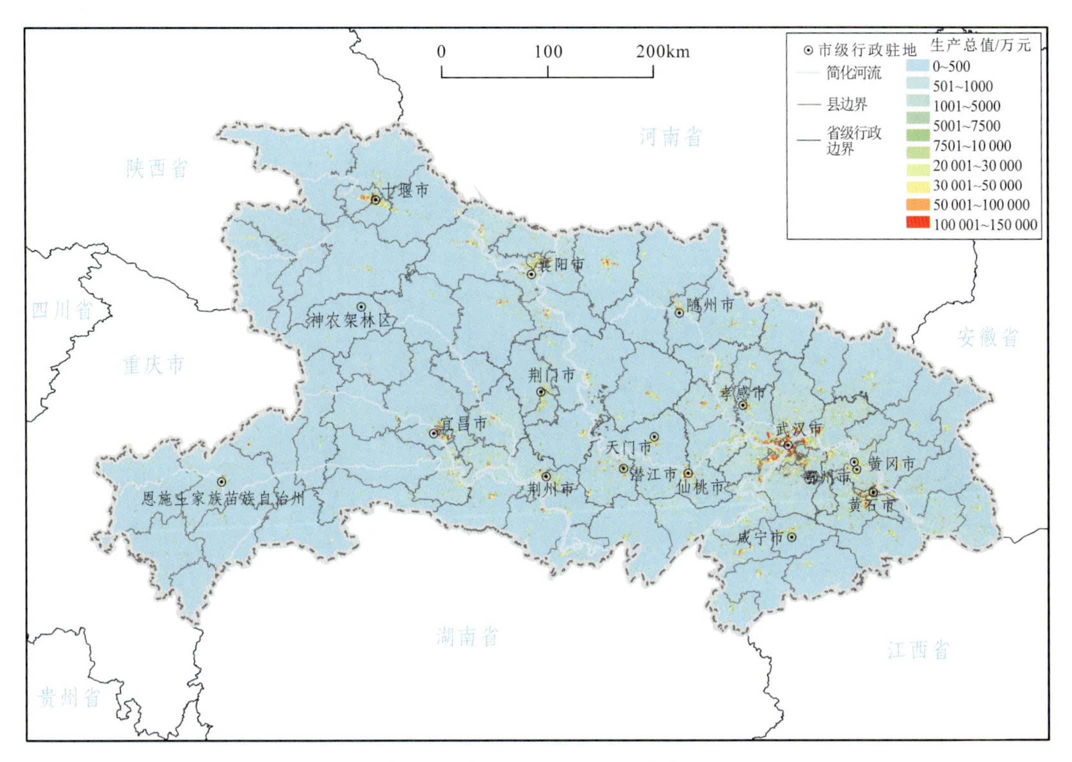

图 3－2　湖北省 GDP 网格分布图

第四节　地震动参数区划结果

根据国家标准《中国地震动参数区划图》(GB 18306—2015)中对湖北省的城镇场地基本地震动峰值加速度峰值列表要求，绘制得到了湖北省地震动峰值加速度区划图(见图 2－7)。

第五节　房屋数据

根据湖北省自然灾害综合风险普查领导小组办公室共享的数据，绘制得到了湖北省各类房屋数据图(图 3－3～图 3－11)。截至 2020 年 12 月 31 日，湖北省房屋建筑总面积 6 189 183 471m^2，总栋数 15 487 464 栋，主要建造年为 2001—2010 年(表 3－2)。格网分布图显示房屋主要分布在武汉市的各中心城区，其次为各地市及其所属区县的中心城区。

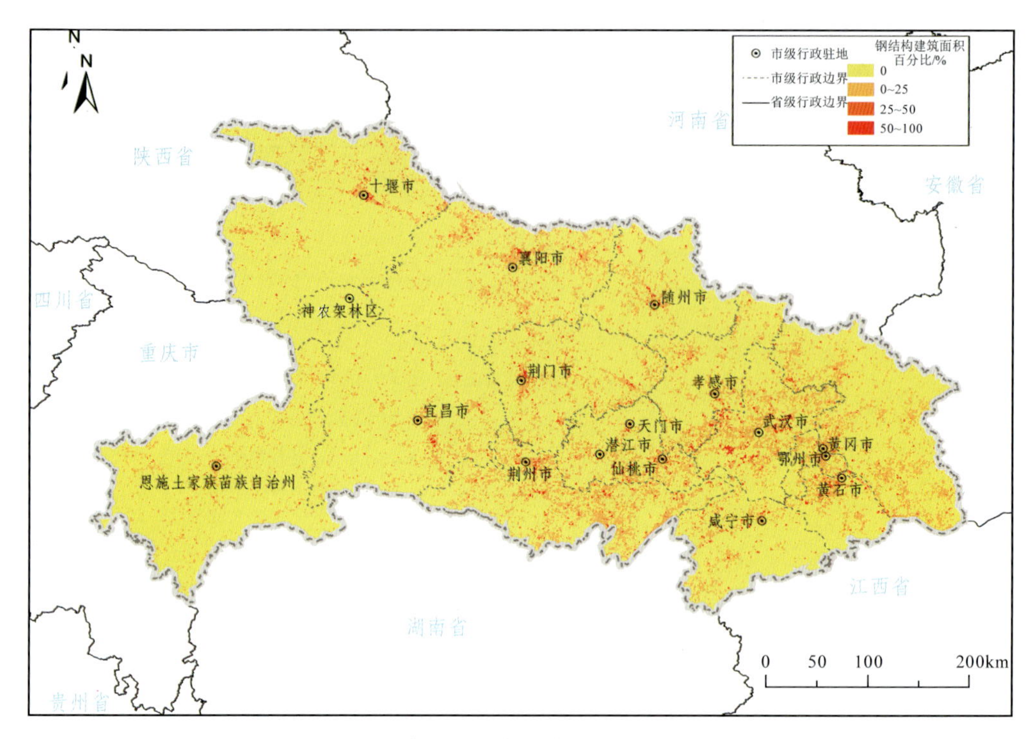

图 3-3　湖北省钢结构建筑面积百分比图

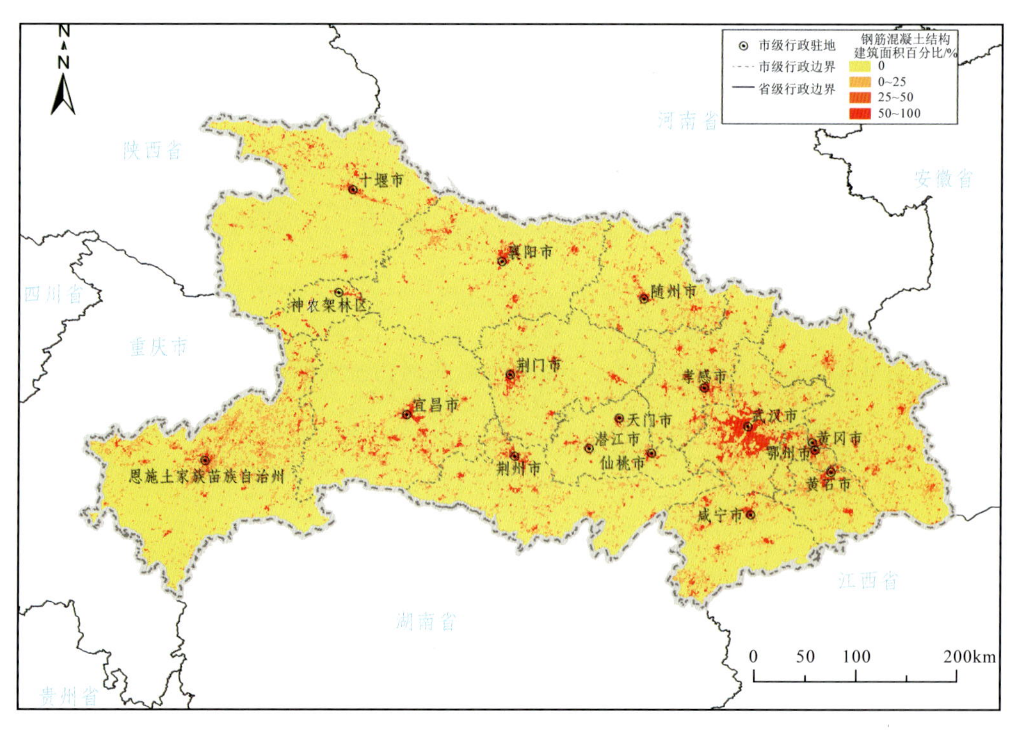

图 3-4　湖北省钢筋混凝土结构建筑面积百分比图

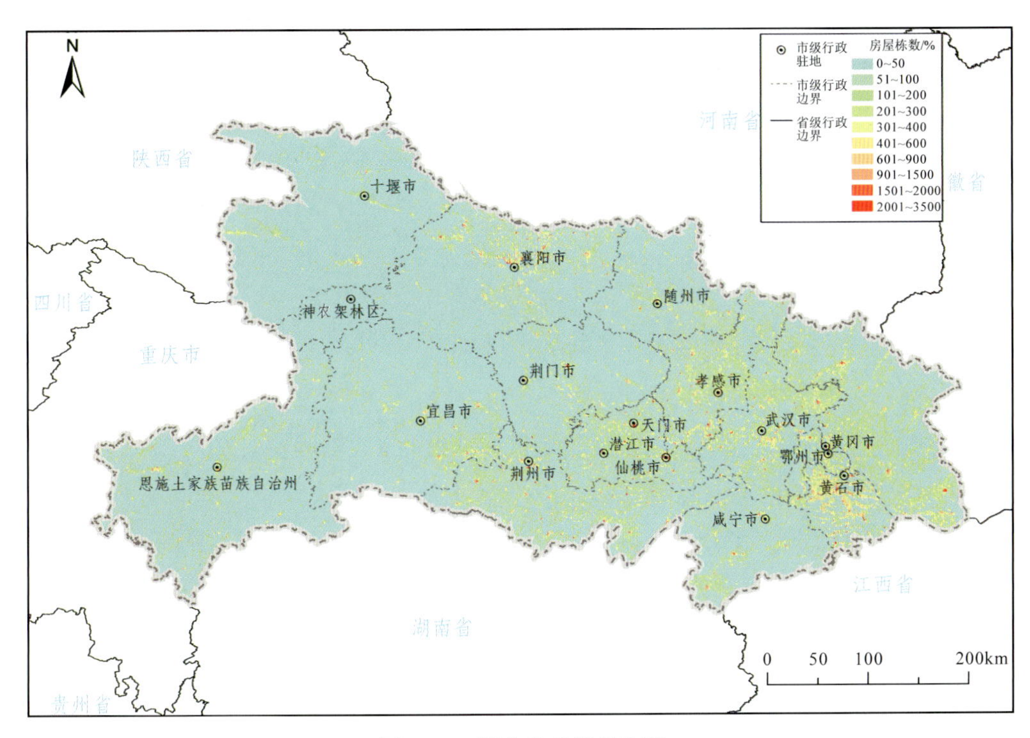

图 3－5　湖北省建筑栋数图

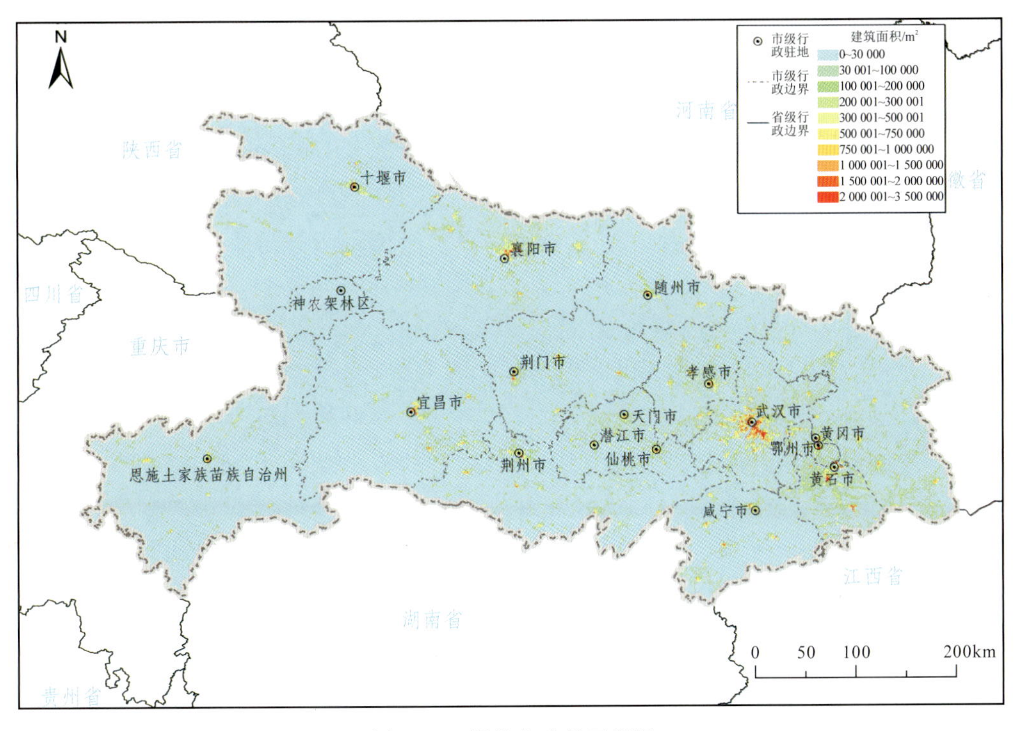

图 3－6　湖北省建筑面积图

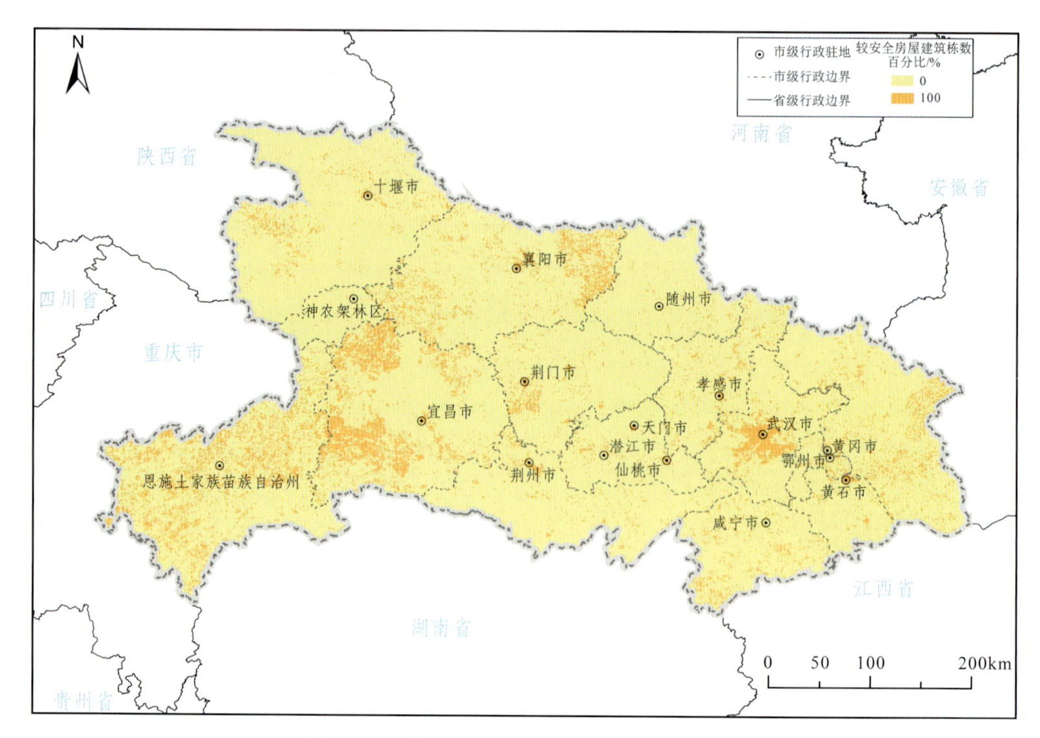

图 3－7　湖北省较安全房屋栋数百分比图

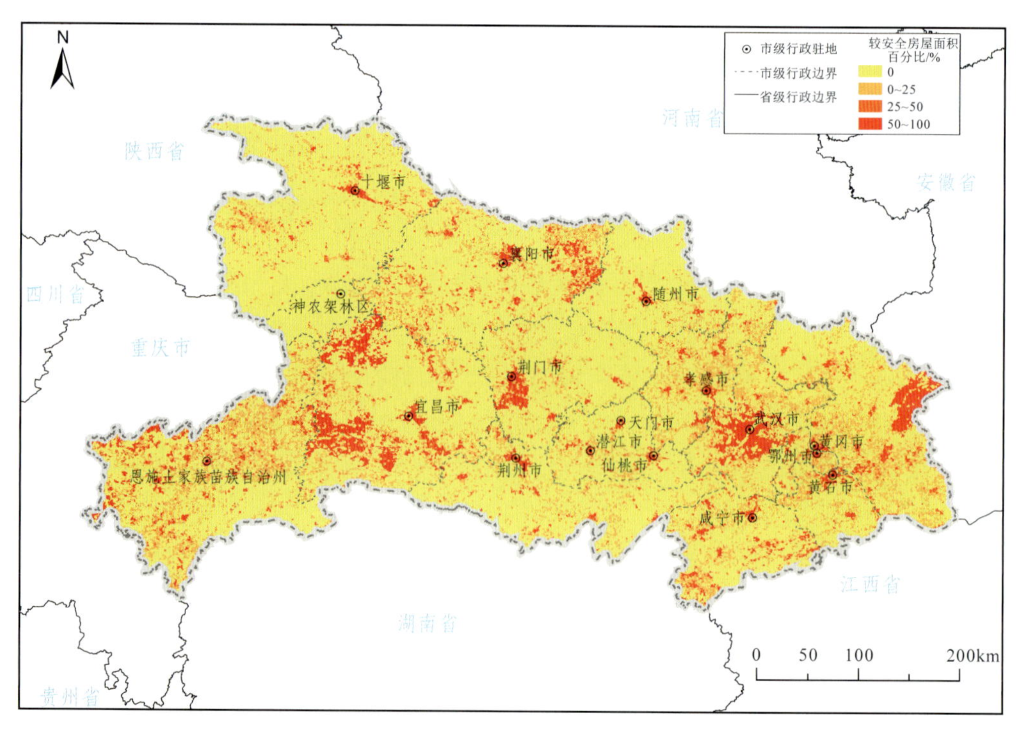

图 3－8　湖北省较安全房屋面积百分比图

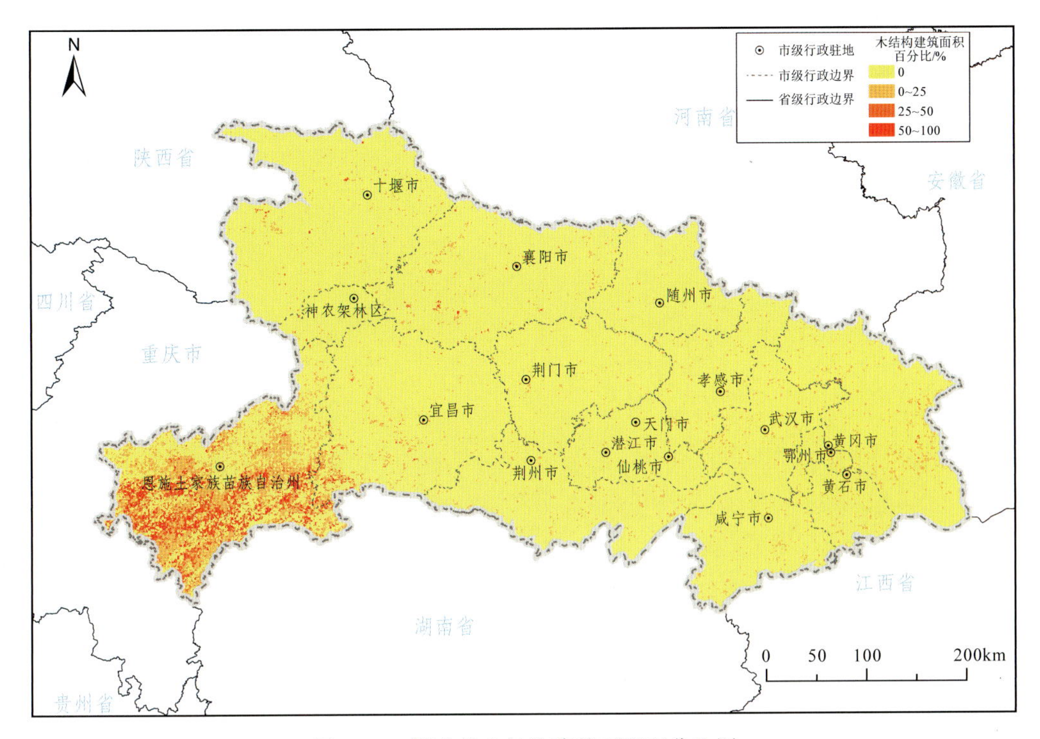

图 3－9　湖北省木结构建筑面积百分比图

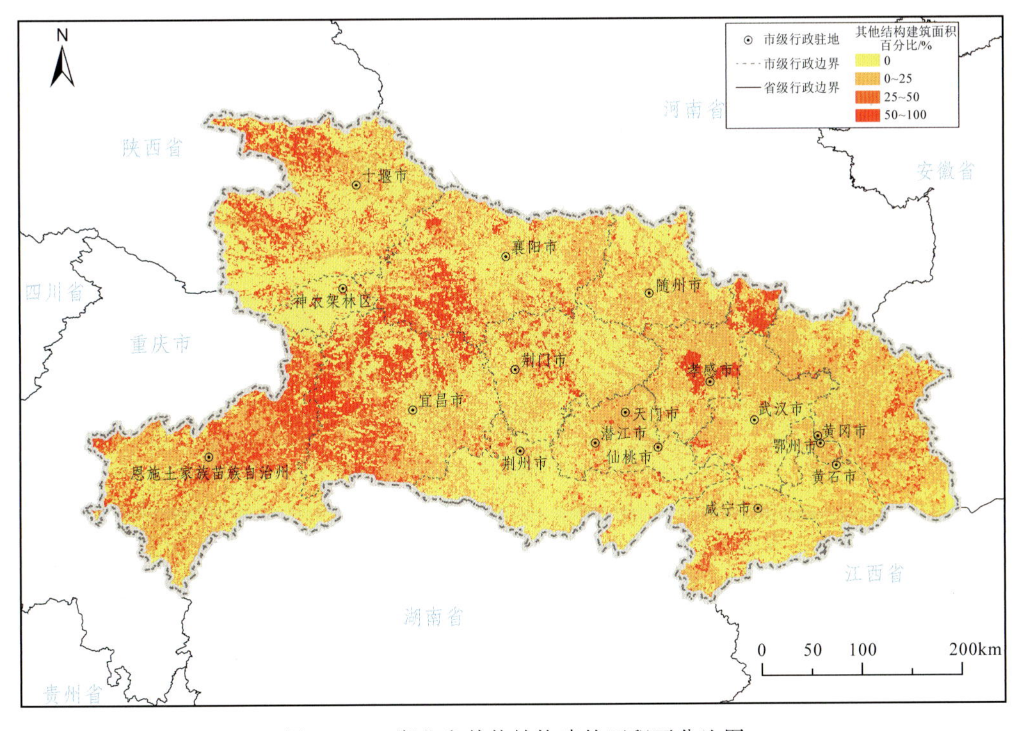

图 3－10　湖北省其他结构建筑面积百分比图

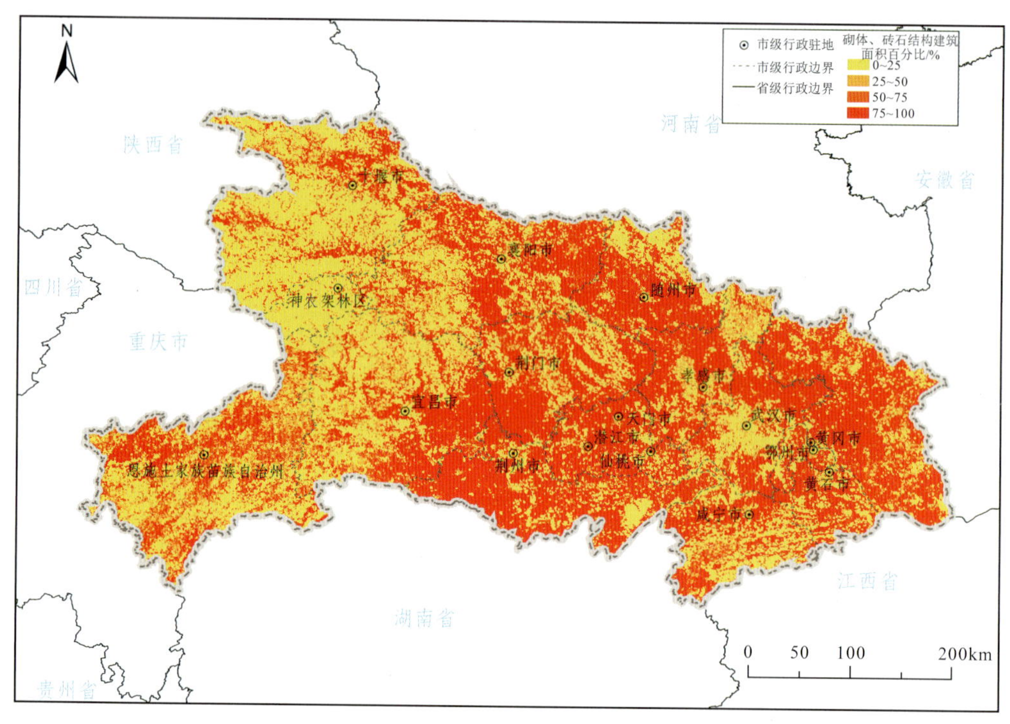

图 3-11　湖北省砌体、砖石结构建筑面积百分比图

表 3-2　湖北省房屋建筑建造年代分布比例

建造年代	不同房屋建筑类型的分布比例/%				
	城镇住宅	城镇非住宅	农村独立住宅	农村集合住宅	农村非住宅
1980 年及以前	1.70	2.00	5.18	1.86	3.69
1981—1990 年	8.97	8.07	12.12	3.99	8.23
1991—2000 年	27.73	20.61	24.61	12.94	22.60
2001—2010 年	40.72	36.36	38.29	36.33	36.65
2011—2015 年	14.13	19.54	14.04	24.52	17.25
2016 年及以后	6.75	13.42	5.76	20.36	11.58

本次风险普查房屋调查工作分城镇房屋和农村房屋两类分开调查。数据统计显示：城镇住宅 2 013 967 栋，非住宅 656 667 栋，栋数占比分别为 75.41%和 24.59%。农村独立住宅 11 844 975 栋，栋数占比 92.42%；集合住宅 106 782 栋，栋数占比 0.83%；非住宅 865 073 栋，栋数占比 6.75%(表 3-3)。

表 3-3 湖北省房屋类型及比例

类别	房屋类型	栋数/栋	栋数比例/%
城镇	住宅	2 013 967	75.41
	非住宅	656 667	24.59
	合计	2 670 634	100.00
农村	独立住宅	11 844 975	92.42
	集合住宅	106 782	0.83
	非住宅	865 073	6.75
	合计	12 816 830	100.00

湖北省城镇房屋主要结构为砌体(2 108 765 栋,面积 95 810.51 万 m^2,栋数占比 78.96%,面积占比 29.24%)。钢筋混凝土结构栋数为 427 159 栋,栋数占比 16.00%,面积212 731.13 万 m^2,面积占比 64.93%,显示单栋大面积建筑主要为钢筋混凝土结构。此外还有 70 270 栋钢结构、2955 栋木结构和 61 485 栋其他结构类型。农村房屋绝大部分为砌体结构(10 801 108 栋,栋数占比 84.27%),其他依次为底部框架-抗震墙砌体结构(5.84%)、土木/石木结构(3.83%)、混杂结构(2.56%)、钢筋混凝土结构(1.39%)、木(竹)结构(1.05%)、钢结构(0.75%)和其他类型(0.31%)(表 3-4)。

表 3-4 湖北省房屋结构类型及比例

类别	结构类型	栋数/栋	栋数比例/%	面积/万 m^2	面积比例/%
城镇	砌体	2 108 765	78.96	95 810.51	29.24
	钢筋混凝土	427 159	16.00	212 731.13	64.93
	钢结构	70 270	2.63	14 415.15	4.40
	木	2955	0.11	64.31	0.02
	其他	61 485	2.30	4 635.04	1.41
	合计	2 670 634	100	327 656.14	100
农村	砌体	10 801 108	84.27	230 202.61	79.04
	钢筋混凝土	178 496	1.39	16 496.97	5.66
	钢结构	96 673	0.75	6 529.89	2.24
	底部框架-抗震墙砌体	748 388	5.84	20 820.24	7.15
	土木/石木	490 313	3.83	6 894.76	2.37
	木(竹)	133 986	1.05	1 950.53	0.67
	混杂	328 609	2.56	7 523.68	2.58
	其他	39 167	0.31	841.50	0.29
	合计	12 816 830	100	291 262.20	100

城镇房屋抗震加固栋数为3267栋，栋数占比0.12%，面积933.22万m^2，面积占比0.28%。农村房屋抗震加固栋数为37 416栋，栋数占比0.29%，面积1 131.82万m^2，面积占比0.39%(表3-5)。

表3-5 湖北省房屋是否抗震加固数量及比例

类别	专业化设计	栋数/栋	栋数比例/%	面积/万m^2	面积比例/%
城镇	是	3267	0.12	933.22	0.28
	否	2 667 367	99.88	326 722.92	99.72
	合计	2 670 634	100.00	327 656.14	100.00
农村	是	37 416	0.29	1 131.82	0.39
	否	12 779 414	99.71	290 130.38	99.61
	合计	12 816 830	100.00	291 262.20	100.00

城镇变形损伤房屋栋数42 248栋，栋数占比1.58%；农村变形损伤房屋栋数439 549栋，栋数占比3.43%。变形损伤房屋比例均不低，是后续房屋安全排查的重点(表3-6)。

表3-6 湖北省房屋有无变形损伤数量及比例

类别	有无变形损伤	栋数/栋	栋数比例/%	面积/万m^2	面积比例/%
城镇	有	42 248	1.58	1 707.82	0.52
	无	2 628 386	98.42	325 948.32	99.48
	合计	2 670 634	100.00	327 656.14	100.00
农村	有	439 549	3.43	5 476.31	1.88
	无	12 377 281	96.57	285 785.89	98.12
	合计	12 816 830	100.00	291 262.20	100.00

第四章

湖北省农村房屋抗震设防现状

为了给建筑结构地震易损性建模分析提供翔实资料，确保结构地震易损性分析结果满足全国房屋统计要求。在承灾体普查和已有相关工程项目资料的基础上，对地震易发区和经济发达地区的35个地级市城区内分布的住宅房屋和其他行业用房，根据建筑物易损性抽查需求，进一步获取房屋建筑详细信息，为房屋建筑地震易损性分析提供具有统计意义的基础数据。

本次工作主要在湖北省开展农村房屋抗震调查，工作区范围为湖北省下辖的17个地级行政区，即武汉市、黄石市、襄阳市、荆州市、宜昌市、十堰市、孝感市、荆门市、鄂州市、黄冈市、咸宁市、随州市、恩施土家族苗族自治州、仙桃市、潜江市、天门市和神农架林区，共计76处点位。

第一节　工作概述

一、工作目标

本次湖北省农村房屋抗震调查采用中国地震局工程力学研究所研发的房屋抽样调查软件，对全省农村房屋抗震性能基本情况进行抽样调查，对典型房屋开展性能检测，详细了解全省各个地区抗震设计、施工和抗震措施情况，掌握全省房屋抗震能力基本现状。根据调查结果，查找房屋抗震设防方面的问题和不足，提出符合湖北省经济条件、民间习俗和场地情况的建议和方案，为全省建筑物抗震能力分区分类提供基础资料，服务于全国1∶100万、全省1∶25万地震灾害风险评估和区划图编制，为地震灾害风险防治、地震应急救援、发展规划编制、农村危房改造、新农村建设等提供基础资料和科学依据。

二、技术要求

本次工作主要在湖北省开展农村房屋建筑抽样详查，抽样详查数据采集工作的范围为湖北省下辖的17个地级行政区，共计76处点位。抽样样本兼顾年代、层数、设防标准、场地情况、地域分布及用途等因素。房屋建筑抽样详查涉及的主要结构类型包括砖混结构、砖木结构、钢筋混凝土结构、工业厂房结构等类型。

房屋抽样详查的技术方法主要包括3种。

（1）收集法：对已选定的抽样详查对象，向相关部门或者房屋所有者收集建设图纸资料和相关数据。

（2）类比法：在同一个街区，与选定详查对象结构特征相似的房屋，用收集法完成房屋详查。

（3）实测法：对已选定的抽样详查对象，采用现场查勘得到详查数据。

房屋抽样详查应尽可能收集房屋的建筑、结构施工图纸等详细资料，在图纸资料收集的基础上，进行现场查勘，查看建筑物是否存在加固改造、使用维护不当等情况，填写各结构类型房屋建筑抽样详查信息表。房屋建筑位置信息主要包括所属省份、所属地级市、所属区县、所属乡镇（街道）、所属村居委会；房屋建筑基本信息主要包括名称、建造年代、现状、设防标准、场地类型、造价、照片、基础类型、规则程度、面积、长度、宽度、层数、高度等。图纸资料不完整或数据信息不齐全的房屋建筑，采取类比方法，就近选取建筑年代相近、建筑结构类型相似、图纸信息齐全的建筑物，进行信息填报。如果类比方法仍不能完成填报，要对房屋建筑开展现场实测，包括尺寸、现状、建筑构件情况，同时拍摄现场照片。将收集的房屋建筑信息通过“地震灾害风险”App上报，并在系统中电子地图上标注房屋建筑位置。

三、工作流程

本次工作主要内容包括确定抽样详查目标、开展抽样详查和数据核查。详查开始之前，根据选定的详查对象选择详查方法。详查工作流程包括方案制定、抽样对象选取、确定详查方法、组织开展详查、数据现场核验、数据整理、数据入库、编制详查报告。对于农村房屋建筑，开展典型村镇样本建筑详查数据资料的收集。主要工作流程如图4-1所示。

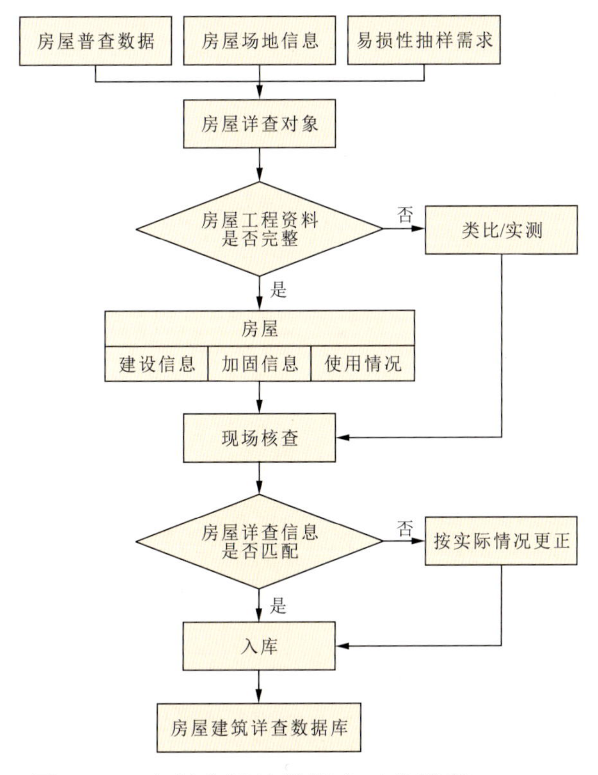

图 4-1　农村房屋抽样详查工作流程

第二节　湖北省农村房屋抗震调查数据统计

一、农村各类结构房屋栋数统计

根据湖北省农村房屋建筑特征和结构类型分布，本次湖北省农村房屋抗震调查共抽样详查 3429 栋，调查总建筑面积 271.77 万 m^2。

（一）湖北省各地理单元农村各类结构房屋栋数统计

湖北省按地理单元可大致分为四部分：鄂西北、鄂西南、江汉平原、鄂东。鄂东地理单元包括武汉市、黄石市、鄂州市、黄冈市、咸宁市；江汉平原地理单元包括荆州市、荆门市、孝感市、随州市、天门市、仙桃市、潜江市；鄂西南地理单元包括宜昌市、恩施州；鄂西北地理单元包括襄阳市、十堰市、神农架林区。湖北省地质灾害类型多、分布广，其中鄂西南和鄂西北地区是湖北省地质灾害发育和分布的重点区。

1. 鄂东地理单元

表 4 - 1 为湖北省鄂东农村各类结构房屋栋数统计结果，图 4 - 2 为湖北省鄂东农村各类结构房屋栋数占比。

表 4 - 1　湖北省鄂东农村各类结构房屋栋数　　单位：栋

生土(石)结构	砌体结构	钢筋混凝土结构	工业厂房结构	木结构	总计
0	1461	129	2	0	1592

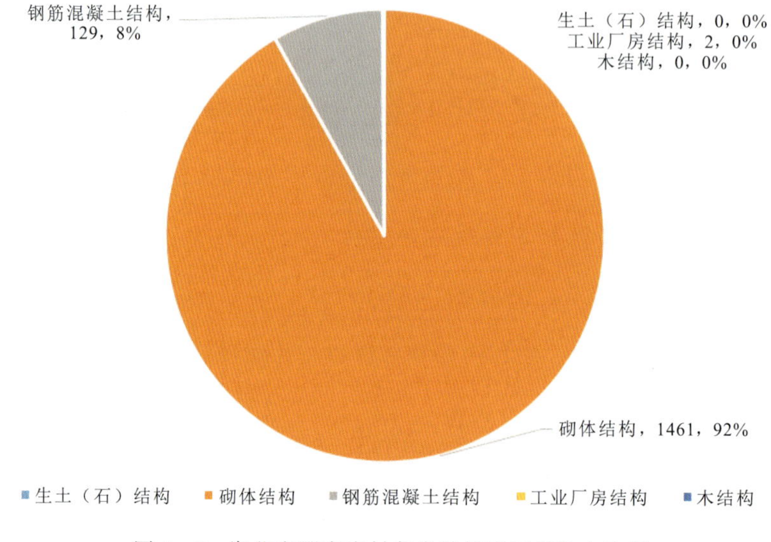

图 4 - 2　湖北省鄂东农村各类结构房屋栋数占比图

2. 江汉平原地理单元

表 4 - 2 为湖北省江汉平原农村各类结构房屋栋数统计结果，图 4 - 3 为湖北省江汉平原农村各类结构房屋栋数占比。

表 4 - 2　湖北省江汉平原农村各类结构房屋栋数　　单位：栋

生土(石)结构	砌体结构	钢筋混凝土结构	工业厂房结构	木结构	总计
0	672	56	13	0	741

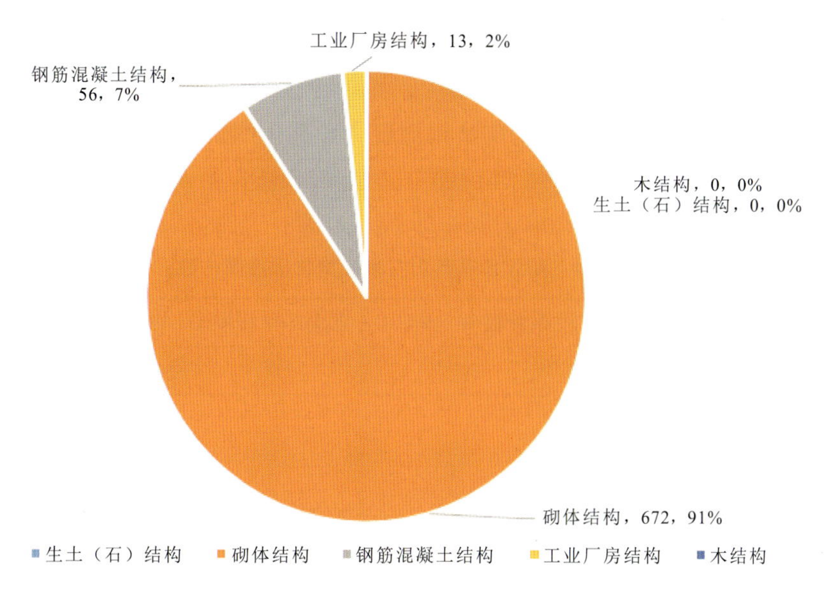

图 4－3　湖北省江汉平原农村各类结构房屋栋数占比

3. 鄂西南地理单元

表 4－3 为湖北省鄂西南农村各类结构房屋栋数统计结果，图 4－4 为湖北省鄂西南农村各类结构房屋栋数占比。

表 4－3　湖北省鄂西南农村各类结构房屋栋数　　单位：栋

生土(石)结构	砌体结构	钢筋混凝土结构	工业厂房结构	木结构	总计
6	459	5	0	6	476

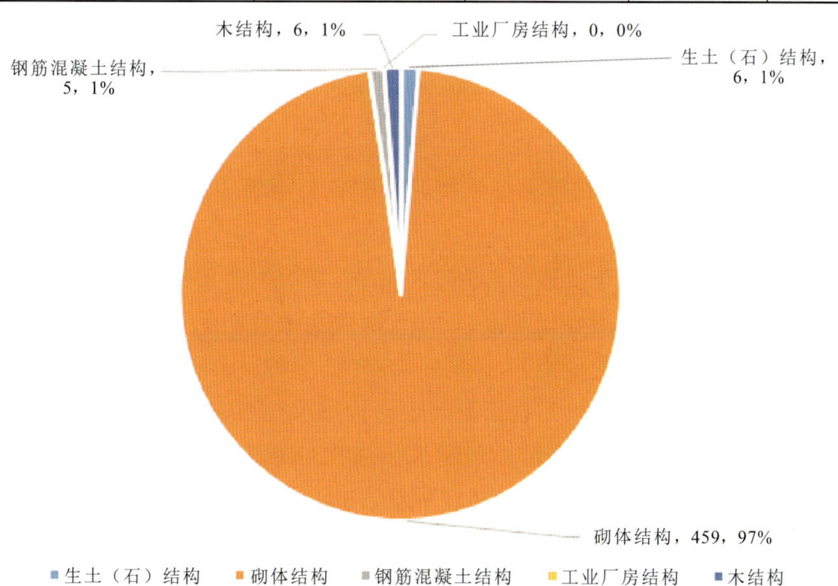

图 4－4　湖北省鄂西南农村各类结构房屋栋数占比

4. 鄂西北地理单元

表 4－4 为湖北省鄂西北农村各类结构房屋栋数统计结果，图 4－5 为湖北省鄂西北农村各类结构房屋栋数占比。

表 4－4　湖北省鄂西北农村各类结构房屋栋数　　单位：栋

生土(石)结构	砌体结构	钢筋混凝土结构	工业厂房结构	木结构	总计
8	579	20	13	0	620

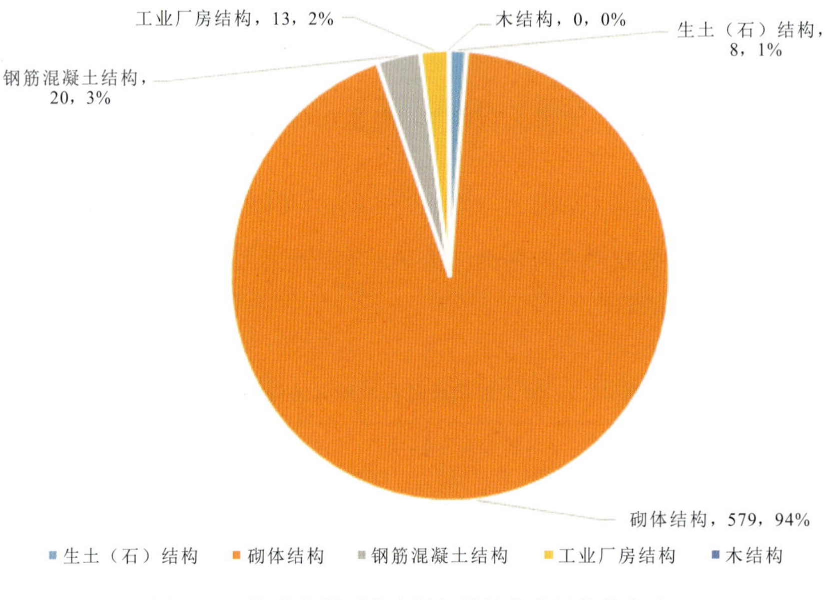

图 4－5　湖北省鄂西北农村各类结构房屋栋数占比

本次湖北省各地理单元农村房屋抗震调查中各类结构房屋栋数占比结果如表 4－5 所示。从表中可以看出如下特点：

(1)木结构房屋主要分布于鄂西南地理单元，其他地理单元未发现有木结构房屋。

(2)生土(石)结构房屋主要分布于鄂西南、鄂西北地理单元，其他地理单元未发现有生土(石)结构房屋。

(3)鄂东和江汉平原地理单元钢筋混凝土结构房屋栋数占比分别为 8％和 7％，鄂西南和鄂西北地理单元钢筋混凝土结构房屋栋数占比分别为 1％和 3％。总体上来看，钢筋混凝土结构房屋主要分布于鄂东和江汉平原地理单元。

(4)各地理单元砌体结构房屋栋数占比较为接近，均超过90%。

(5)本次调查中，工业厂房结构房屋在鄂西南地理单元未见明显分布。

表4-5　湖北省各地理单元农村各类结构房屋栋数占比汇总　单位：%

地理单元	生土(石)结构	砌体结构	钢筋混凝土结构	工业厂房结构	木结构
鄂东	0	92	8	0	0
江汉平原	0	91	7	2	0
鄂西南	1	97	1	0	1
鄂西北	1	94	3	2	0

(二)湖北省农村各类结构房屋统计

从本次湖北省农村房屋抗震调查结果(表4-6、表4-7，图4-6、图4-7)可以看出：砌体结构栋数占比最多，达92.5%；钢筋混凝土结构达到6.1%；工业厂房结构占比0.8%；生土(石)结构占比0.4%；木结构占比0.2%。总体上来看，详查的结构中砌体结构最多，基本反映了湖北省目前农村房屋建筑结构特征和分布。

钢筋混凝土结构面积占比最大，达到51.6%，主要原因是钢筋混凝土结构单体建筑面积较大；其次为砌体结构，面积占比达到45.8%，主要原因是尽管砌体结构抽样详查的栋数较多，但单体建筑的面积较小。

表4-6　湖北省农村各类结构房屋栋数　单位：栋

生土(石)结构	砌体结构	钢筋混凝土结构	工业厂房结构	木结构	总计
14	3171	210	28	6	3429

表4-7　湖北省农村各类结构房屋面积　单位：万 m^2

生土(石)结构	砌体结构	钢筋混凝土结构	工业厂房结构	木结构	总计
0.1	124.3	140.1	7.2	0.07	271.77

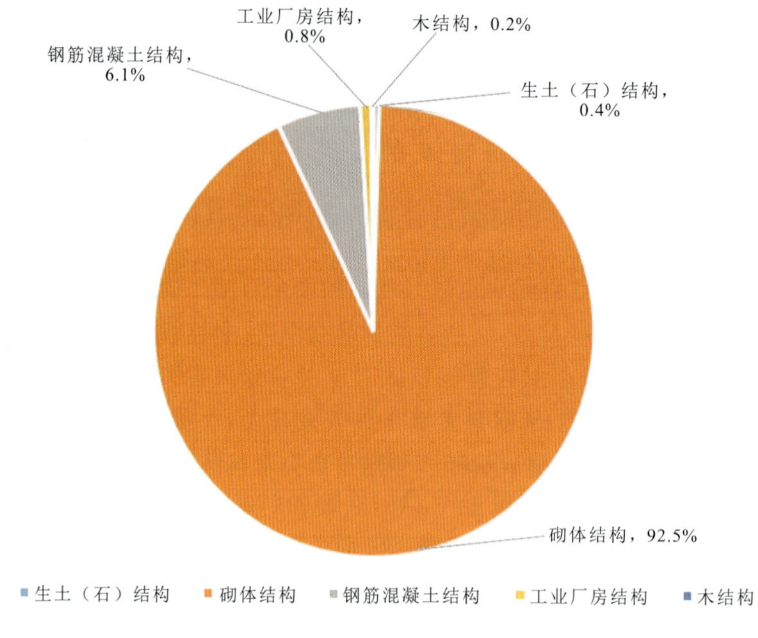

图 4-6　湖北省农村各类型结构房屋栋数占比

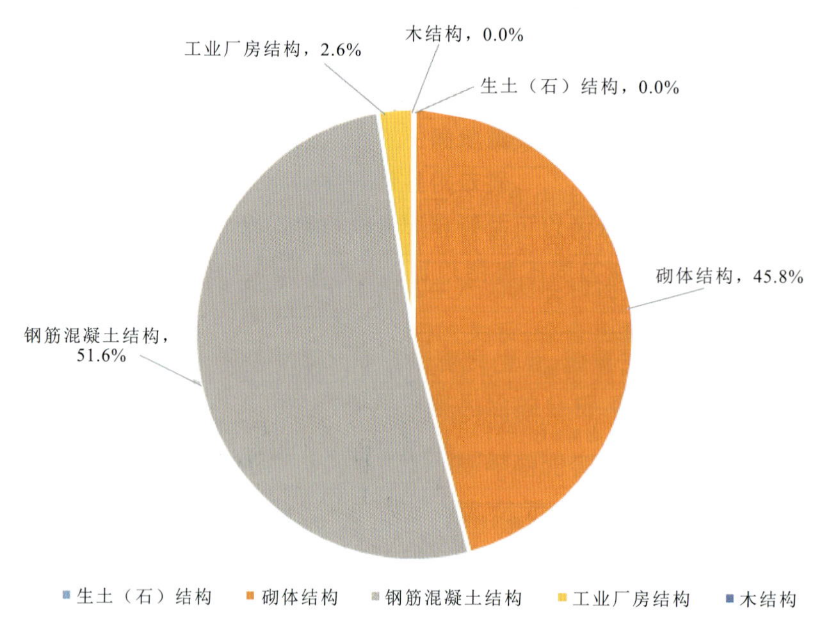

图 4-7　湖北省农村各类型结构房屋面积占比

二、砌体结构中不同抗震构造措施类型房屋统计

（一）湖北省各地理单元砌体结构中不同抗震构造措施类型房屋栋数统计

（1）鄂东地理单元。表 4－8 为鄂东砌体结构中不同抗震构造措施类型房屋栋数统计结果，图 4－8 为鄂东砌体结构中不同抗震构造措施类型房屋栋数占比。

表 4－8　鄂东砌体结构中不同抗震构造措施类型房屋栋数　　单位：栋

正规设计施工	无圈梁和构造柱	无圈梁、有构造柱	有圈梁、无构造柱	有圈梁和构造柱	总计
169	682	2	105	503	1461

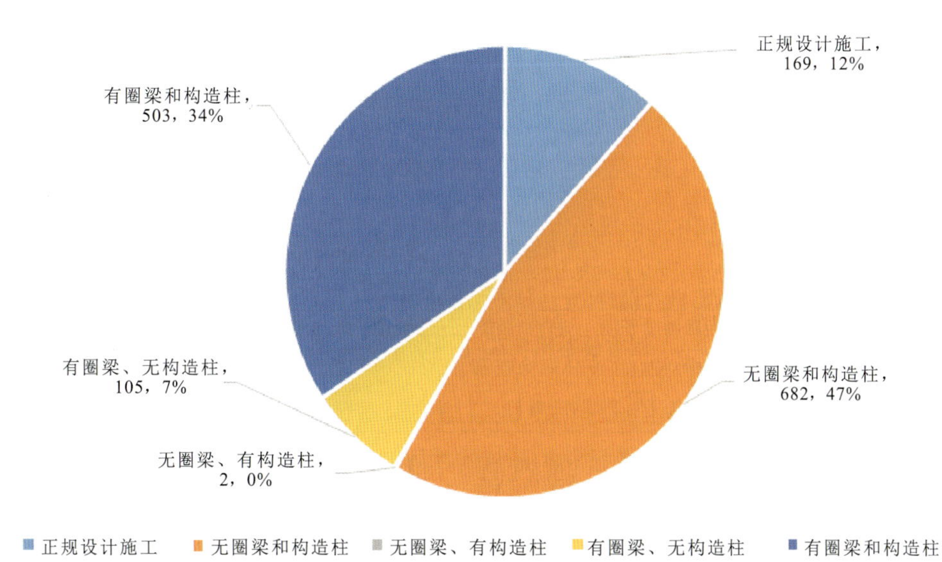

图 4－8　鄂东砌体结构中不同抗震构造措施类型房屋栋数占比

（2）江汉平原地理单元。表 4－9 为江汉平原砌体结构中不同抗震构造措施类型房屋栋数统计结果，图 4－9 为江汉平原砌体结构中不同抗震构造措施类型房屋栋数占比。

表 4－9　江汉平原砌体结构中不同抗震构造措施类型房屋栋数　　单位：栋

正规设计施工	无圈梁和构造柱	无圈梁、有构造柱	有圈梁、无构造柱	有圈梁和构造柱	总计
31	321	1	76	243	672

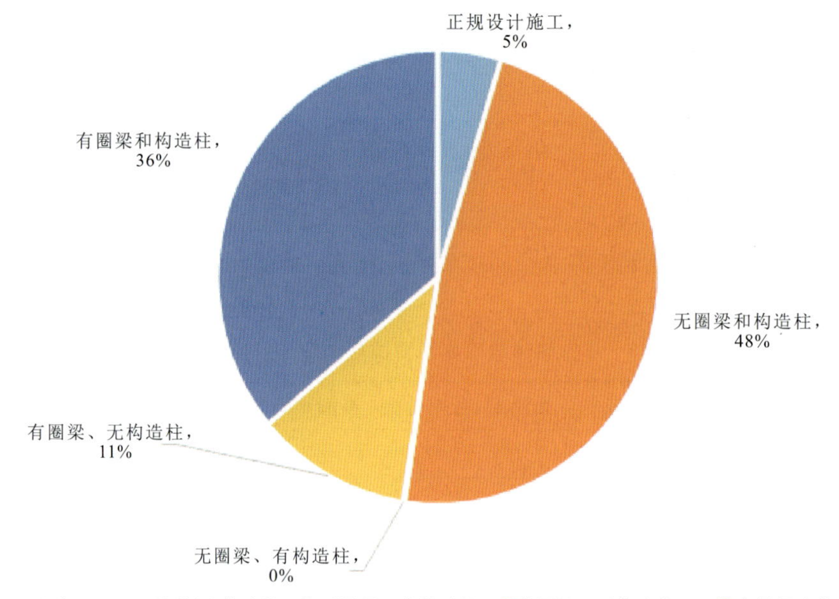

图 4－9　江汉平原砌体结构中不同抗震构造措施类型房屋栋数占比

(3)鄂西南地理单元。表 4－10 为鄂西南砌体结构中不同抗震构造措施类型房屋栋数统计结果，图 4－10 为鄂西南砌体结构中不同抗震构造措施类型房屋栋数占比。

表 4－10　鄂西南砌体结构中不同抗震构造措施类型房屋栋数　　单位：栋

正规设计施工	无圈梁和构造柱	无圈梁、有构造柱	有圈梁、无构造柱	有圈梁和构造柱	总计
6	320	37	84	12	459

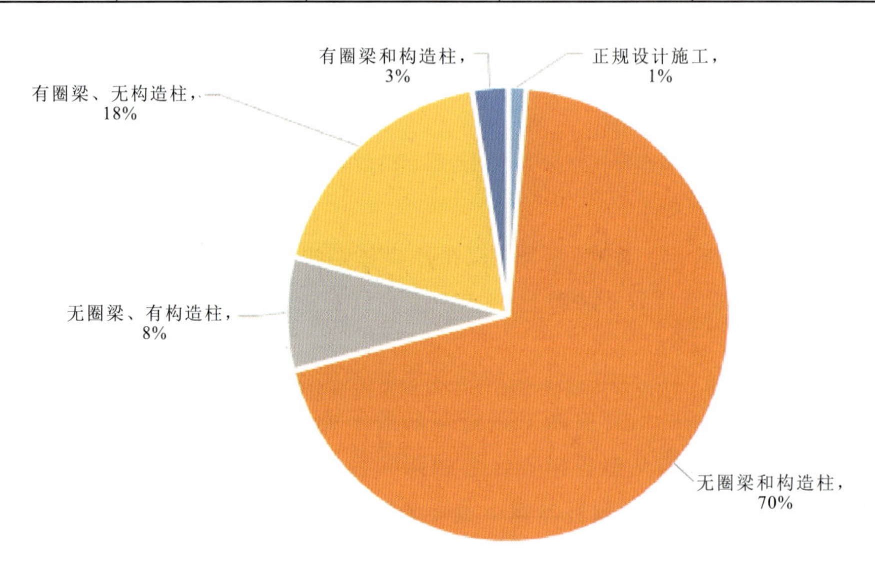

图 4－10　鄂西南砌体结构中不同抗震构造措施类型房屋栋数占比

(4)鄂西北地理单元。表 4 - 11 为鄂西北砌体结构中不同抗震构造措施类型房屋栋数统计结果,图 4 - 11 为鄂西北砌体结构中不同抗震构造措施类型房屋栋数占比。

表 4 - 11　鄂西北砌体结构中不同抗震构造措施类型房屋栋数　单位:栋

正规设计施工	无圈梁和构造柱	无圈梁、有构造柱	有圈梁、无构造柱	有圈梁和构造柱	总计
47	260	0	157	115	579

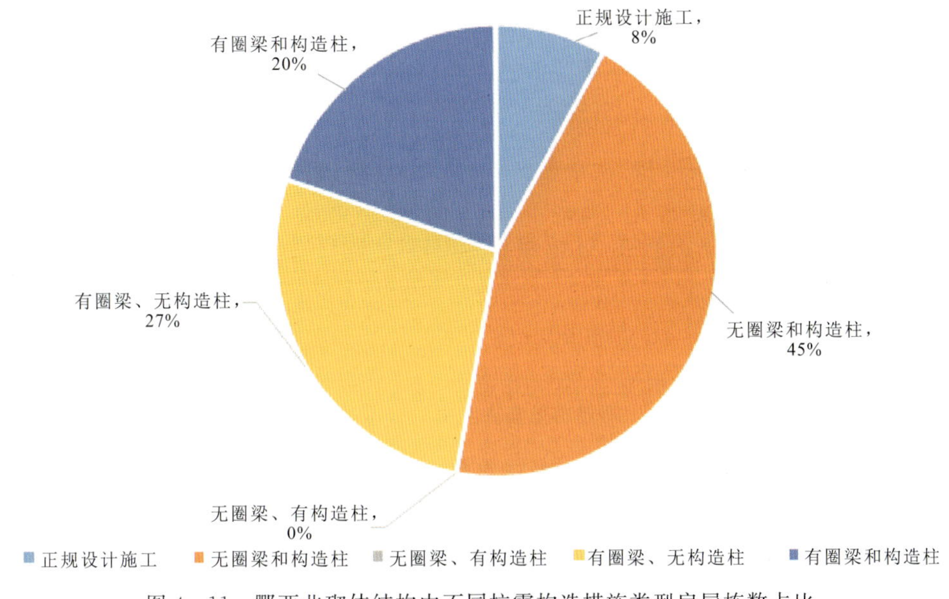

图 4 - 11　鄂西北砌体结构中不同抗震构造措施类型房屋栋数占比

从本次湖北省各地理单元砌体结构房屋调查结果(表 4 - 12)可以看出,相较于其他地理单元,鄂西南地理单元正规设计施工房屋、有圈梁和构造柱房屋在砌体结构房屋总数中的占比均为最低值,分别为 1%和 3%。此外,鄂西南地理单元无圈梁和构造柱房屋在砌体结构房屋总数中的占比达 70%,为同类型占比中最大值。

表 4 - 12　湖北省各地理单元砌体结构中不同抗震构造措施类型房屋栋数占比汇总　单位:%

地理单元	正规设计施工	无圈梁和构造柱	无圈梁、有构造柱	有圈梁、无构造柱	有圈梁和构造柱
鄂东	12	47	0	7	34
江汉平原	5	48	0	11	36
鄂西南	1	70	8	18	3
鄂西北	8	45	0	27	20

(二)湖北省砌体结构中不同抗震构造措施类型房屋统计

从不同抗震构造措施类型砌体结构房屋细化统计结果(表 4－13、表 4－14,图 4－12、图 4－13)可以看出:无圈梁、无构造柱砌体结构占比最多,达 50.0%;湖北省农村砌体结构中具有正规设计施工的房屋面积占比最大,达 42.0%,主要原因是该类型房屋以多高层砖混结构为主,用途多为农村集体还建房、公租房等,且单体建筑面积较大。其次为无圈梁和构造柱房屋,占比达 29%。

表 4－13　湖北省不同抗震构造措施类型砌体结构房屋栋数　　单位:栋

正规设计施工	无圈梁和构造柱	无圈梁、有构造柱	有圈梁、无构造柱	有圈梁和构造柱	总计
253	1583	40	422	873	3171

表 4－14　湖北省不同抗震构造措施类型砌体结构房屋面积　　单位:万 m^2

正规设计施工	无圈梁和构造柱	无圈梁、有构造柱	有圈梁、无构造柱	有圈梁和构造柱	总计
52	35.9	1.2	11.1	24.1	124.3

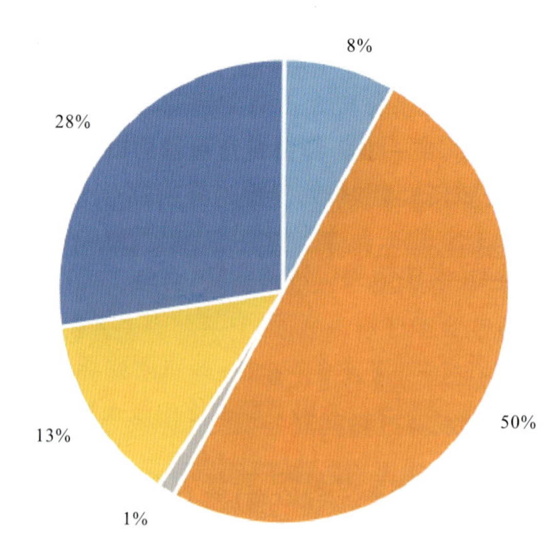

图 4－12　湖北省具有不同抗震构造措施类型房屋栋数占比

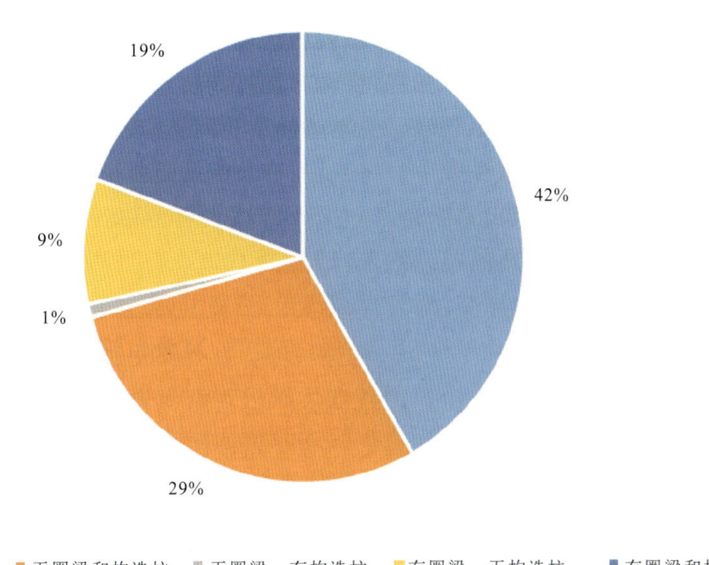

图 4－13　湖北省具有不同抗震构造措施类型房屋面积占比

第三节　湖北省农村房屋抗震调查结果评价

农村地震风险主要来源于农村房屋建筑的抗震性能，抽取了湖北省各地的典型村庄，开展了农村房屋建筑抗震调查。调查时先听取关于村镇建筑抗震设防情况介绍，然后通过实地查看，从结构类型、建设年代、建筑材料、施工方式、构造措施及是否考虑抗震设防等方面对农村房屋建筑展开调查，以评估房屋的抗震能力。通过调查对农村房屋建筑概况进行阐述，分析农村房屋建筑物结构特征，对农村各类建筑抗震性能进行分析评价，分析存在的问题并提出对应的防震减灾措施。

湖北省农村的房屋结构呈现多样化的特点。普查数据显示，砖混结构是农村房屋的主要结构类型，这在一定程度上反映了建筑技术和材料的普及与发展。进一步细分，砖混结构又分为有抗震措施和无抗震措施两种情况。有抗震措施的砖混结构通常包括圈梁、构造柱等设计建筑在近年来的新建项目中占据主导地位，这种趋势反映了近年来农村建筑领域对于提高抗震能力的关注和重视，对于保障居民的安全居住环境起到了积极的作用。无抗震措施的砖混结构房屋缺乏圈梁、构造柱等重要设计，可能存在一定的安全隐患。这些房屋多为老旧房屋，显示了过去建筑技术和安全认知的相对滞后。在农村普查中，这部分房屋的存在提醒我们需要关注老旧房屋的抗震问题，积极推动农村房屋维护与改造。

砖木结构是农村房屋中占比仅次于砖混结构的结构形式。这类建筑多建于20世纪90年代以前，其特点是砖墙与木檩条坡屋盖的结合。这种传统的建筑形式在农村地区根深蒂固，体现了农民在建筑选择上的历史偏好。然而，随着时间的推移，这些老旧建筑面临着日益加剧的老化和安全隐患，需要谨慎对待并考虑适时的维修和更新。

钢筋混凝土结构在农村房屋中也逐渐崭露头角，尤其是近年来在居民新建的建筑中更为常见。然而，这些建筑大多数未经过正规部门设计，可能存在一些不利于抗震的因素。在推进农村建筑现代化的过程中，应该加强对建筑施工的监管，确保新建房屋符合相关安全标准，提高农村房屋整体的抗震性能。

此外，还存在极其少量的生土(石)结构房屋。这种建筑形式通常体现了对当地自然资源的利用，但也由于其局限性，极少在现代农村建设中得以应用。这些建筑的存在或许在一定程度上反映了地域特色和文化传承，但也需要在结构安全性方面引起关注，确保农民居住的基本安全。

第四节　湖北省农村房屋抗震设防现状

一、湖北省农村房屋抗震设防存在的问题

砌体结构房屋作为湖北省农村房屋主要的结构类型，尽管具有就地取材、施工简便、实用经济和良好的隔热隔声等优点，但其抗震设防存在一系列问题。砌体结构在村镇房屋建设中仍然占据主导地位，然而，在结构选型中忽略了地震安全保障，这是一个需要引起关注的问题。首先，不合理的建筑结构类型设计直接影响着农村房屋的抗震性能。在许多情况下，农村房屋的结构设计缺乏科学性和工程性，未能充分考虑地震影响。这导致了结构在地震中的脆弱性，增加了房屋及居民在地震发生时的安全隐患。其次，农村房屋的施工质量和技术水平参差不齐。由于缺乏专业的施工监管和技术指导，一些农村房屋在施工过程中存在疏漏和质量问题。这不仅影响了房屋的整体稳定性，也减弱了其抗震性能。在地震发生时，施工质量差的房屋更容易受到损害，危害居民的生命安全。再次，由于农村建设主要依赖于当地居民的自建能力，缺乏专业的抗震知识培训，导致许多农村房屋的设计和施工人员对抗震要求的认识不足。这使得农村房屋在地震中难以发挥应有的抗震性能，增加了居民的风险。此外，一些农村地区存在规划管理不善的问题。缺乏科学的规划和管理导致了一些农村房屋建设过程中的混乱局面，包括违建、超标建设等现象。这不仅影响了农村地区整体的建设质量，也加剧了地震发生时的安全风险。

综上所述，湖北省农村房屋抗震设防存在的问题主要表现在建筑结构类型设计不合理、施工质量和技术水平参差不齐、缺乏抗震知识培训以及规划管理不善等方面。为了

提高农村房屋的抗震性能，需要加强相关领域的技术培训，规范建筑设计和施工流程，加强规划管理，以确保农村房屋在地震中能够更好地保护居民的生命安全。通过对湖北省农村房屋调查总结发现，农村房屋抗震设防存在的问题具有以下明显特征。

（一）结构体系问题

（1）土坯墙与砌体墙混砌，稳定性不足（图 4－14）。

图 4－14　土坯墙与砌体墙混砌房屋

（2）房屋横墙设置不足，高宽比过大，体系设置不合理（图 4－15）。

图 4－15　房屋横墙设置不足且高宽比过大房屋

(二)构造措施问题

1. 毛石基础

毛石基础是一种基础施工方式(图 4－16),一些村民选择采用这种方法主要出于经济方面的考虑。相较于其他基础形式,毛石基础在抗冻性方面表现较为出色,能够有效地应对寒冷环境下的冻融作用。然而,尽管毛石基础在抗冻性方面具备一定优势,但其整体性相对较差,存在一个明显的问题,即容易引发不均匀沉降。这种不均匀沉降的结果往往导致上部承重结构出现裂缝,影响整体建筑的稳定性和结构安全性。因此,在选择采用毛石基础时,必须认真权衡其经济优势和结构风险,同时在施工过程中采取一系列有效的措施,以减轻不均匀沉降可能带来的潜在问题。综合考虑各种因素,确保在经济实用性和结构稳定性之间达到最佳平衡,是毛石基础施工时需要注意的关键要点。

图 4－16　毛石基础

2. 无圈梁和构造柱

圈梁是在房屋的檐口、窗顶、楼层、吊车梁顶或基础顶面标高处,沿砌体墙水平方向设置封闭状的按构造配筋的混凝土梁式构件。圈梁通常设置在基础墙、檐口和楼板处,其数量和位置与建筑物的高度、层数、地基状况和地震强度有关。圈梁是沿建筑物外墙四周及部分内横墙设置的连续封闭的梁。其目的是增强建筑的整体刚度及墙身的稳定性。采用无圈梁的设计可能是为了简化结构、减少施工难度或者满足特定的设计要求(图 4－17)。然而,需要注意的是,无圈梁在一些情况下可能影响结构的整体承载能力和抗震性能,因此在选择采用无圈梁设计时需要仔细评估结构的稳定性和安全性。

构造柱是建筑结构中的一种支撑元素,通常用于承受上部结构的垂直荷载,并将这些荷载传递到地基。构造柱的设计和施工对整体建筑的稳定性至关重要。构造柱通常由混凝土或钢材制成,其尺寸和强度需要根据建筑的荷载要求和结构设计来确定。构造柱的布置和连接方式也是结构设计的重要考虑因素,直接影响着建筑的整体性能。在实

图 4－17　无圈梁和构造柱房屋

际工程中，结构工程师和建筑师会根据具体的项目要求和设计标准，灵活运用圈梁和构造柱等设计元素，以确保结构的安全性、稳定性和经济性。

3. 圈梁和构造柱设置不合理

圈梁和构造柱在建筑结构中的设置对于整体结构的稳定性和安全性至关重要。如果它们的设置不合理，可能导致结构问题和安全隐患（图 4－18）。以下是一些问题。

a. 仅设置一道圈梁、无构造柱　　b. 屋盖处未设置圈梁、仅一楼局部设置构造柱

图 4－18　圈梁和构造柱设置不合理房屋

荷载分布不均匀：圈梁和构造柱的设置应该考虑上部结构的荷载分布，以确保荷载能够合理传递到地基。如果荷载分布不均匀，可能导致某些部分的结构受力过大，增加结构的变形和破坏风险。

缺乏合理的结构分析:结构设计应该基于合理的结构分析和计算。如果缺乏对荷载、材料强度、地基条件等因素的准确评估,就可能导致圈梁和构造柱的尺寸不足或过度设计,从而影响结构的整体性能。

未考虑建筑功能和空间需求:圈梁和构造柱的设置也应考虑建筑的功能和空间需求。如果未充分考虑建筑内部布局和使用需求,可能会导致结构元素与功能空间的冲突,限制建筑的实际使用。

不合理的材料选择:圈梁和构造柱的材料选择应考虑其受力性能和耐久性。选择不合理的材料可能导致结构元素的提早损坏,从而影响整体结构的稳定性。

解决这些问题的关键在于充分考虑结构设计的各个方面,包括荷载分析、材料性能、建筑功能需求以及合理的施工和监控。合作与专业的结构工程师和建筑设计团队,可以确保圈梁和构造柱的设置是合理、科学的,符合安全和稳定的建筑要求。

4. 空斗墙作为承重墙

空斗墙作为承重墙在湖北省农村的应用是出于经济、节约材料和劳动力的考虑(图 4-19)。然而,这种构件的设置也存在一些不合理的方面。以下是一些可能需要注意的问题。

图 4-19　以空斗墙作为承重墙的房屋

整体性不足:空斗墙相较于同厚度的实心墙来说,整体性较差。这可能导致在地基不均匀沉降的情况下,墙体容易出现裂缝,从而影响建筑的结构稳定性。建议在选择墙体类型时要考虑结构整体性,特别是在可能存在地基沉降问题的区域。

对地基不均匀沉降敏感:空斗墙对地基不均匀沉降的敏感性较大,这可能会导致墙体出现变形或裂缝。在设计和施工中,需要特别关注地基的承载能力和均匀性,以减小不均匀沉降的风险。

不适用于地震影响较大的地区：空斗墙的整体性差，因此不适合用于受地震影响较大的地区。在地震易发区域，应该更加注重建筑结构的抗震性能，可能需要考虑采用更加强化的结构形式或增加抗震措施。

在使用空斗墙作为承重墙时，建议进行详细的结构设计和合理施工，以确保建筑在不同条件下都能够保持稳定和安全。同时，需要结合具体的地理和气候条件，选择合适的建筑结构形式，以提高整体建筑的适用性和抗灾能力。

5. 采用厚120mm的墙作为承重墙

采用厚120mm的墙作为承重墙可能导致房屋出现多条贯通裂缝和整体稳定性不足的问题（图4-20）。以下是可能产生这些问题的原因：

图4-20　厚120mm的墙体作为承重墙的房屋

墙体承载能力不足：厚120mm的墙相对较薄，可能导致墙体的承载能力不足，特别是在面对房屋上部荷载的情况下。这可能产生墙体出现裂缝，影响结构的整体稳定性。

结构设计缺陷：房屋结构设计可能存在缺陷，如未能充分考虑到荷载分布、墙体高度、墙体间距等因素。不合理的设计可能导致墙体受力不均匀，从而引发裂缝问题。

施工质量问题：墙体施工过程中可能存在质量问题，如搅拌比例不准确、浇筑不均匀等。这些施工质量问题可能导致墙体内部的应力分布不均匀，从而引发裂缝。

地基沉降问题：如果房屋所在地区存在地基沉降问题，薄墙可能更容易受到影响，导致墙体产生变形和裂缝。

针对这些问题，建议采取以下措施：①进行结构检测和评估，确保墙体的设计能够满足房屋的承载要求。②优化结构设计，确保墙体高度、厚度和间距等参数符合建筑规范和安全标准。③严格控制施工质量，确保墙体浇筑均匀、搅拌比例准确，以避免施工引起的问题。④在设计和施工中考虑地基的承载能力，采取合适的地基处理措施。

综合考虑这些因素，可以完善墙体的设计提高施工质量和房屋的整体稳定性，减少贯通裂缝的发生。如果问题已经存在，建议咨询专业结构工程师，进行详细的结构评估和抗震加固。

6. 预制板作为楼(屋)面板

预制板作为楼(屋)面板在农村建房时的使用可能存在一些问题(图 4-21)，主要包括以下方面。

图 4-21 预制板作为楼(屋)面板

缝隙导致渗水：预制板之间的缝隙可能会随着时间的推移扩大，导致水渗透到房间内部，影响居住体验。这可能源于材料的收缩、施工质量不良或长期的自然风化等因素。

房屋整体性差：预制板在长期的风吹雨打下，由于缝隙渗水问题，可能导致房屋整体性变差。墙体开裂、预制板脱落等现象可能会进一步加剧。

受施工质量影响：预制板的安装需要严格控制施工质量，包括基础的平整度、预制板之间的接缝质量等。如果施工质量不佳，可能会造成预制板不牢固，进而影响房屋的结构稳定性。

抗震能力不足：预制板的抗震性能可能不如传统的砖混结构，尤其是在受到强烈振动或地震影响时，房屋容易发生坍塌。

针对以上问题，可以考虑采取以下改进措施：①加强预制板之间的密封处理，确保缝隙处不会渗水。②加固房屋结构，增强整体性和抗震能力，例如增加支撑结构、加固墙体等。③加强施工质量管理，确保预制板的正确安装和密封，避免由施工质量不良导致的问题。④定期检查和维护，及时修复预制板和墙体的裂缝、损坏等问题，延长房屋的使用寿命。

综合考虑以上因素，可以提高预制板作为楼(屋)面板的使用效果，减少其存在的问题，提高房屋结构的安全性和居住舒适度。

（三）房屋使用问题

（1）随意搭建和改扩建。部分农村自建房屋存在随意搭建和改扩建的现象，这涉及一系列安全隐患。一方面，一些居民违规进行生活区域的临时搭建，采用易燃可燃材料建造，增加了火灾风险；另一方面，违章改建导致房屋结构不稳定，存在坍塌的危险。更为严重的是，一些违章建筑堵塞了消防通道，妨碍了紧急情况下的救援工作。因此，有必要强化农村自建房屋管理，加强对搭建和改扩建的监管，确保房屋结构稳固，符合安全标准，以维护居民的生命和财产安全。

（2）承重构件损坏。承重构件的损坏对建筑结构的稳定性和安全性构成潜在威胁。可能由自然灾害、结构老化、设计缺陷或施工质量问题引起，损坏的承重构件可能导致整体结构不再稳定，增加倒塌的风险。此外，荷载分布不均、墙体裂缝和地基问题等也可能随之而来，产生严重的安全隐患。解决这一问题通常需要进行专业的结构评估和修复工作，包括加固、更换受损构件以及重新设计和施工。在面临承重构件损坏的情况下，迅速采取科学有效的措施，是确保建筑结构安全的关键，涉及业主、设计师和结构工程师的密切合作。

（3）年久失修。湖北省农村房屋普遍存在年久失修的问题，主要源于大量劳动力外出务工，导致农村住宅长期处于闲置状态，缺乏及时的维护和管理。这种现象使得建筑结构逐渐受损，外观褪色老化，设施失效，产生一系列安全隐患。为解决这一问题，建议引入定期维护检查机制，委托专业的物业管理或维修公司进行建筑的保养和修缮工作。同时，可考虑建立农村住宅的合理管理制度，激发居民合作维护村庄建筑和环境的积极性，以提高农村居住环境的整体质量。通过这些努力，有望有效解决年久失修问题，为农村居民提供更安全、更舒适的居住环境。

二、湖北省农村房屋抗震能力不足原因分析

调查显示，当前农村民居抗震性能普遍较差，产生这种现象的原因是多方面的，从调查了解到的情况来看，主要有以下几个方面。

1. 农户缺乏防震减灾意识，房屋建设考虑震灾因素甚少

在调查中发现，由于地震灾害发生频率低，很多人从未经受过地震灾害的袭击，缺乏居安思危的忧患意识，大多凭经验建房，多数无施工图纸，未考虑抗震设计，缺乏必要的抗震构造措施，这些房屋的抗震性能远远低于现行抗震标准要求。因此，防震减灾意识淡化，是造成民居抗震设防能力不强的关键。

2. 受经济条件制约，农户无力投入更多资金对房屋进行抗震设防

农村经济发展水平，特别是农民个人的经济收入是决定农村农居抗震设防能力的基础。据调查统计资料，在20世纪80年代及以前修建的农居，由于当时农村经济发展水

平不高，农民的收入普遍较低，这期间修建的大多数房屋不具备抗震能力。20 世纪 90 年代以后，农村经济发展较快，农民收入增加，这期间修建的民房逐渐向砖混结构发展，建成了一些符合抗震设防要求的民房，但数量较少，大多数仍不具备抗震能力。

3. 农居年久失修，腐蚀、风化严重

房屋疏于日常维护保养，一旦局部受损，就会加剧整体危险程度。选址不当、构件缺少保护措施，房屋风化、腐蚀日趋严重，给房屋带来安全隐患。调查中发现有的屋盖渗漏，危及承重墙；有的墙体剥蚀、开裂、房屋倾斜；有的板、梁、柱腐朽。这样的房屋，即使在低烈度地震影响下也会产生破坏，甚至倒塌，导致墙体的抗剪强度不足，地震时砖墙极易产生破坏甚至倒塌。

4. 农居建设缺乏统一规划和相关抗震技术指导

在调查中发现，目前对农居的建设管理措施主要停留在规划和办理审批手续上，没有农居图纸审查和抗震设防方面的管理内容。所调查的农村房屋中，有正规设计的极少，绝大多数根本就没有设计，也不参考其他正规设计图纸。

5. 农居建造缺乏有效监管，施工质量难以保证

在农居建设工地了解到，农居施工人员主要有两类：一类是工匠，一类是民工。前者大多凭经验建房，持有资质证的几乎没有。有的为了承揽工程，常常弃房屋质量于不顾，迁就建房者节省费用的不合理要求。而后者主要承担具体施工任务，绝大多数为普通农民，他们只按照工匠的要求干体力活，对房屋质量安全不关心。因此，施工人员技能低下、施工现场缺乏质量监督，是农村居住房屋达不到安全要求的重要原因。

6. 房屋私搭乱建严重

一些住户为改善居住条件，私自在原有房屋旁搭建或随意在房顶加层等。这些私自搭建房屋的墙体与原有墙体缺乏必要的拉结，加盖房屋的承重构件与下面的承重构件也未连接为整体，一些接建房屋的承重外墙甚至直接放置在下部无梁的屋面板上，这些私自搭建的部分与原有房屋之间没有可靠的连接，地震时非常容易倒塌。

第五节　湖北省农村房屋抗震设防对策与建议

农村房屋的建设和更新换代正进入一个新高潮。结合新农村建设，按照城乡统筹的理念，像重视城市防震减灾一样重视农村房屋的抗震设防，相关部门可以从以下几点出发：

(1)设立村镇民居抗震设防的目标。调查资料显示，目前村镇民居建筑的抗震能力

和构造措施均不能满足现行《建筑抗震设计规范》(GB 50011—2010)的要求，亟须制定出符合实际又在广大农村地区切实可行的村镇建筑抗震设防目标，以工程建设标准强制性条文的形式规范农村房屋抗震设防。

(2)大力宣传、普及房屋抗震知识，提高农户对房屋抗震防灾必要性的认识。应当充分发挥报刊、广播、电视、网络等大众传媒的导向作用，开展多种形式的宣传活动，例如举办防震减灾知识讲座，编印农村震害调查图集等通俗易懂的读物，使防震减灾知识真正走进农村，提高广大农民群众防灾的意识。

(3)加强技术指导，结合地方特点、充分挖掘本地资源，采取切实可行的防震措施。动员和组织当地的设计单位和设计人员，设计编印一批具有本土民居风格，适应农民需要，造型美观、功能齐全的农村民居建筑标准图集，无偿供农民建房参考使用。政府牵头新建、改造、加固一批安全适用和对周围农民有吸引力的农村民居，让广大农民群众看得见、学得会、受教育、得实惠。

(4)对农村房屋建设在政策和经济上给予扶持。以群众自筹资金为主，政府给予适当补贴，多渠道筹集资金，把农村村容村貌整治试点、农房改造试点及扶贫开发整村推进和农村民居防震保安工程结合起来，资金统筹安排、整合集中使用，提高资金使用率。

(5)搞好村镇建设规划，防止乱搭乱建。在村镇规划中充分利用抗震有利地段，避免在危险地段建造房屋；要留有必要的防震通道和避震场地。农村宅地规划要落实，不得任意挤占道路，形成高墙窄巷，否则不仅对防震不利，还对防火、通风、采光不利。

(6)加强农村房屋施工质量的监督与管理。工程建设应由乡镇(街道)人民政府具体组织实施，实行领导责任制，市、县项目办公室，住房和建设部门对拟从事项目施工工作的当地农民工匠和参与项目管理的乡镇、村工作人员集中进行技术培训，使其真正掌握技术要领，在质检部门监督下实施施工全过程管理。同时对主要抗震构件施工情况进行检验、记录。所用建材做到有人检查，分部分项工程有人签字，确保农村房屋建造的质量。

第五章

地震危险性分析

地震的发生及地震动特性都具有一定不可预见性，以概率方式评价和表达工程场地未来可能遭遇的地震影响，称为地震危险性概率分析。地震危险性概率分析方法将地震构造环境特征、地震活动性特征以及地震动衰减特征的调查分析结果，表达为相应的概率分布函数，并通过概率理论计算，获得地震危险性的概率表达。该方法的优点在于分析结果既描述了不同强度地震发生的可能性，也给出了目标区给定时间段内地震加速度的估计值，是现有地震研究水平状况的反映。

地震危险性分析结果是地震人员死亡和建筑物直接经济损失风险评估模型的重要参数，是开展地震灾害风险评估工作的基础。本章基于中国地震动参数区划图(GB18306—2015)地震活动性模型，计算了湖北省50年超越概率63%、10%、2%和100年超越概率1%四个不同概率下的基岩水平加速度峰值，并结合湖北省场地类别划分结果，对地震动参数进行场地类型调整，得到了湖北省不同超越概率下地表峰值加速度结果，为湖北省地震危险性等级分区提供基础数据。

第一节　分析方法

本次工作采用《工程场地地震安全性评价》(GB 17741—2005)规定的概率地震危险性分析方法，即考虑地震活动时空非均匀性的概率分析方法。该方法有两个主要假定：第一，地震的时间过程和震级频度关系等统计特征在统计区(地震带)范围内成立，地震时间过程符合分段的泊松过程；第二，地震活动空间分布的非均匀性，可以震级为条件概率的空间概率密度函数表示，该函数同时隐含了地震活动在时间域上的非均匀性。地震危险性概率分析方法基本步骤如图5-1所示，其基本思路和计算方法概述如下。

(1)首先确定地震统计单元(地震带)，以此作为考虑地震活动时间非均匀性、确定未来百年地震活动水平和地震危险性空间相对分布概率的基本单元。地震带内部地震活动在空间和时间上都是不均匀的。

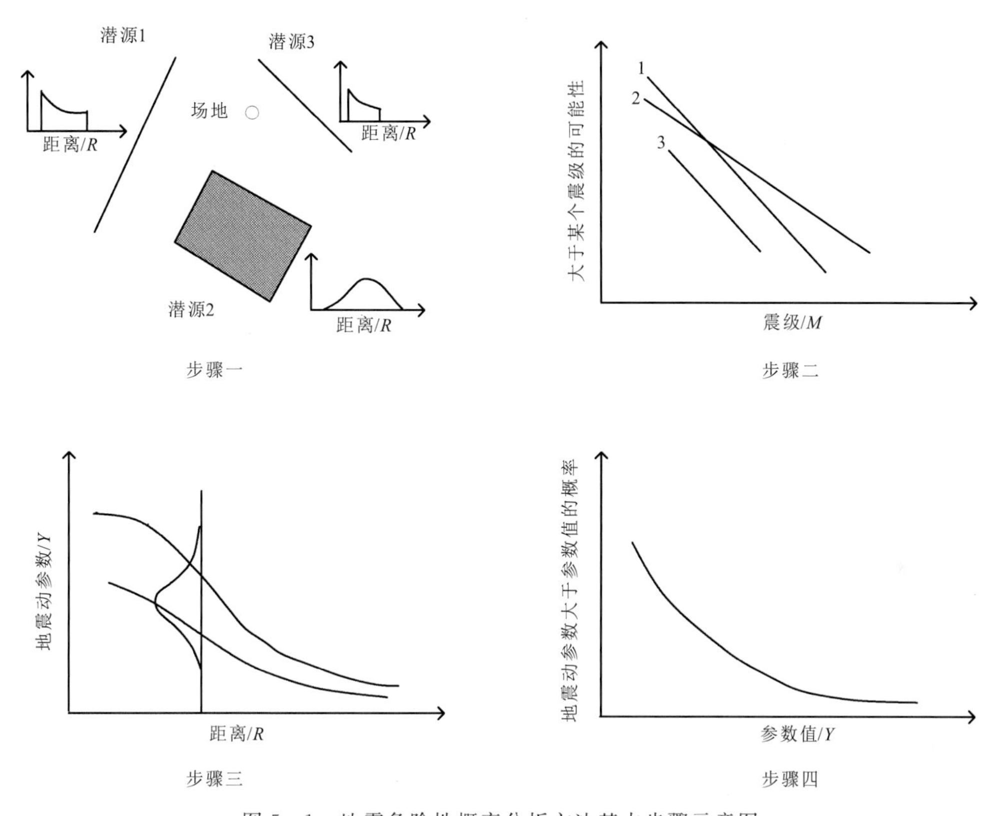

图 5－1　地震危险性概率分析方法基本步骤示意图

地震带内地震时间过程符合分段的泊松过程。令地震带的震级上限为 M_{uz}，震级下限为 M_0，t 年内 $M_0 \sim M_{uz}$ 之间地震年平均发生率为 ν_0，ν_0 由未来的地震活动趋势来确定，则地震带内 t 年内发生 n 次地震的概率为

$$P(n)=\frac{(\nu_0 t)^n}{n!}\mathrm{e}^{-\nu_0 t}$$

同时，地震带内地震活动性遵从修正的震级频度关系，相应的震级概率密度函数为

$$f(M)=\frac{\beta\exp[-\beta(M-M_0)]}{1-\exp[-\beta(M_{uz}-M_0)]}$$

其中，$\beta=b\ln10$，b 为震级频度关系的斜率。实际工作中，震级 M 分成 N_M 档，M_j 表示震级范围为($M_j \pm \frac{1}{2}\Delta M$)的震级档。则地震带内发生 M_j 档地震的概率为

$$P(M_j)=\frac{2}{\beta}\cdot f(M_j)\cdot Sh(\frac{1}{2}\beta\Delta M)$$

(2)在地震带内部划分潜在震源区，并以潜在震源区的空间分布函数 f_{i,M_j} 来反映各震级档地震在各潜在震源区上分布的空间不均匀性，而潜在震源区内部地震活动性是一

致的。假定地震带内共划分出 N_s 个潜在震源区 $\{S_1,S_2,\cdots,S_{Ns}\}$ 。

(3)根据分段泊松分布模型和全概率公式,地震带内部发生的地震,影响到场点地震动参数值 A 超越给定值 a 的年超越概率为

$$P_k(A \geqslant a)=1-\exp\{-\frac{2\nu_0}{\beta}\cdot\sum_{j=1}^{N_M}\sum_{i=1}^{N_s}\iiint P(A\geqslant a\mid E)\cdot f(\theta)\cdot\frac{f_{i,M_j}}{A(S_i)}\cdot f(M_j)\cdot Sh(\frac{1}{2}\beta\Delta M)\mathrm{d}x\,\mathrm{d}y\,\mathrm{d}\theta\}$$

$A(S_i)$ 为地震带内第 i 个潜在震源区的面积,$P(A\geqslant a|E)$ 为地震带内第 i 个潜在震源区内发生某一特定地震事件[震中 (x,y),震级 $M_j\pm\frac{1}{2}\Delta M$,破裂方向确定]时场点地震动超越 a 的概率,$f(\theta)$ 为破裂方向的概率密度函数。

(4)假定共有 N_z 个地震带对场点有影响,则综合所有地震带的影响,得

$$P(A\geqslant a)=1-\prod_{k=1}^{N_z}[1-P_k(A\geqslant a)]$$

第二节 分析流程

一、潜在震源区划分

潜在震源区划分采用了三级划分的潜在震源区模型,由地震带(地震统计区)、地震构造区(背景源)和潜在震源区(构造源)构成。

首先,根据地震活动、地质构造等环境的一致性,并考虑地震统计样本的充分性,划出地震带,地震带是地震活动性参数的统计单元,它用以反映地震活动的总体统计特征。

其次,依据地震区带中的不同部分和段落在地震构造背景上的差异及其对地震活动性的影响,在地震带内划分地震构造区,用以反映不同地震构造环境中中小震级地震活动特征的差异,因而又称背景地震源(或背景源)。

最后,在各地震构造区内根据地震活动和构造活动特征划分出不同的潜在震源区,用以反映局部构造相关的中强震级地震活动特征。地震带内地震活动性的不均匀性,由构造源上的中强地震活动性和背景源上中小地震活动性共同表现出来。

1. 地震区、带的划分方法

地震区是指区域地震活动性、现代构造应力场、地质构造背景及现代地球动力学环境相类似的区域。

地震带是地震区内地震集中成带或密集分布、由一条大的活动构造带或一组现代构造应力条件和变形条件相似的构造带所控制的地带。

地震区、带的划分主要依据以下资料或分析结果来划分：

(1)依据地震活动性、新构造与现代构造运动、地壳结构和地球物理场以及大地构造等的分区特征及差异，进行中国大陆及邻区的地震区划分，划分的边界通常是一级大地构造单元的边界、重力梯度带、地壳厚度梯度带等。

(2)地震带则是根据地震活动密集分布特征，地震构造类型、现代构造应力场和形变场的一致性进行划分。地震带边界通常为活动构造带的边界带、破坏性地震相对密集带的外包线，有时是区域性深、大断裂活动的影响带边界，或构造活动与地震活动有明显差异的分界带。

2. 湖北省及邻区地震区、带的划分

依据《中国地震动参数区划图》(GB 18306—2015)中的全国地震区、带划分方案，湖北省域涉及长江中游地震带、华北平原地震带、郯庐地震带和长江下游-南黄海地震带(图5-2)。

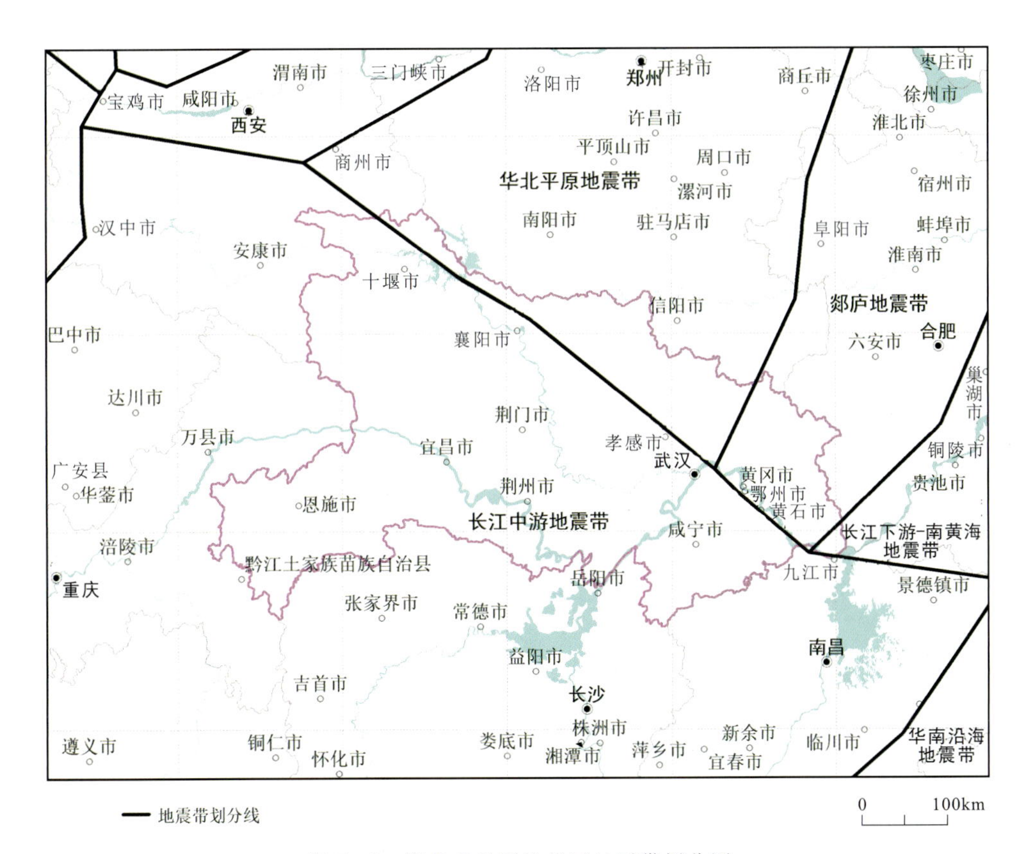

图5-2　湖北省及周边地区地震带划分图

3. 地震构造区的划分方法

地震构造区是指在现今地球动力学的环境下，地震构造环境和发震构造模型一致的地区。地震构造环境一致是指在统一的现今地球动力学环境、新构造活动特点、构造应力场及深部地球物理场等条件下，发震构造模型具有一致性或相似性的特点。地震构造区内与发震构造模型不相关、随机发生的地震为背景地震。地震构造区通过边界、背景地震震级、背景地震频度及其大小地震的比例关系来描述，其中背景地震是指地震构造区内与已鉴定出的发震构造不相关的最大潜在地震。确定背景地震震级时既要考虑地震构造区内与发震构造不相关的历史地震大小，也要结合构造活动环境与地震活动特点，采用构造类比的方法综合评定。因而背景地震震级一般大于区内与发震构造不相关的最大历史地震震级，二者也有相等的情况。

背景地震活动强度和频度与新构造以来的地质构造活动性相关，发震构造模型（包括构造样式与强度）与第四纪以来尤其是晚第四纪以来的地质构造活动性密切相关，同时历史地震分布是地震构造区划分的较为直接的参考因素。因此，地震构造区主要依据以下资料或分析结果来划分。

（1）通过区域新构造运动特征研究，依据不同地区新构造整体特征差异，结合布格重力异常、均衡重力异常等地球物理场差异，划分出不同特征的新构造分区，作为划分地震构造区的基础。

（2）通过区域第四纪以来构造活动带，特别是第四纪主要断裂活动性的分析研究，结合地震活动资料，进行第四纪构造活动分区，作为划分地震构造区最为直接的依据。

（3）通过分析第四纪以来尤其是晚第四纪以来构造变形样式，区分出不同构造变形样式的地区，作为进一步划分地震构造区的依据。

（4）分析强震及其以上（地震活动性较强地区）或中强地震及其以上（地震活动性较低地区）的发震构造条件，甄别出发震构造带及其与发震构造相关的最低地震震级，作为评价地震构造区背景地震的构造排除法依据。

（5）通过地震活动的统计分析，结合构造活动强度的类比，作为确定背景地震大小的地震活动性依据。

4. 地震构造区的划分

依据《中国地震动参数区划图》(GB 18306—2015)中的全国地震构造区划分方案，湖北省共涉及长江中游地震带中的华南北部、秦岭大巴、渝黔、华南中部，华北平原地震带中的华北平原南部，郯庐地震带中的皖西和长江下游-南黄海地震带中的苏北地震构造区总共7个地震构造区（表5-1和图5-3）。

表 5－1　湖北省地震构造区划分统计表

地震带	地震构造区	最大潜在地震震级(*M*)	背景地震震级(*M*)
长江中游地震带	华南北部地震构造区	7.0	5.0
	秦岭大巴地震构造区	7.0	5.0
	渝黔地震构造区	6.5	5.0
	华南中部地震构造区	6.5	5.0
华北平原地震带	华北平原南部地震构造区	6.5	5.5
郯庐地震带	皖西地震构造区	7.0	5.5
长江下游-南黄海地震带	苏北地震构造区	6.5	5.5

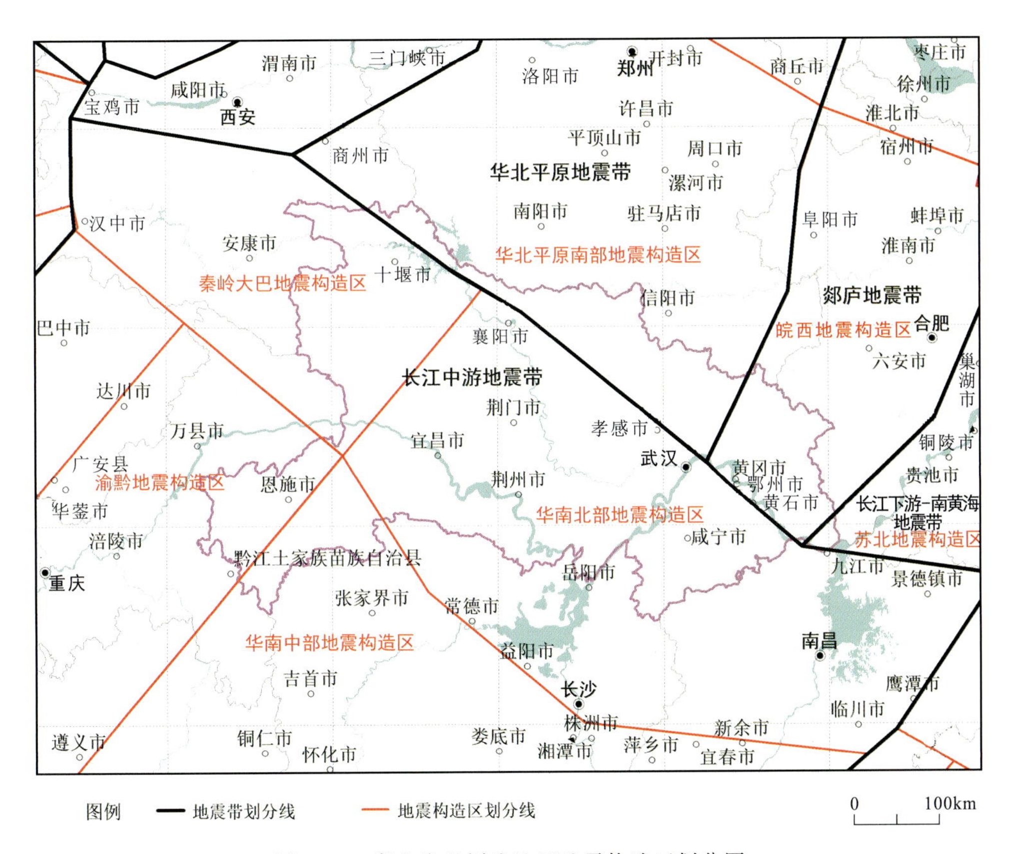

图 5－3　湖北省及周边地区地震构造区划分图

5. 潜在震源区的划分原则

潜在震源区是指未来具有发生破坏性地震潜在可能的地区。目前，划分潜在震源区主要依据地震重复和地震构造类比两条原则。

(1)地震重复性原则:历史上发生过破坏性地震的地方,将来仍有可能发生类似的地震。历史地震的地点和强度是估计未来潜在震源区的重要依据之一。一般情况下,各潜在震源区震级上限不应低于区内最大历史地震震级,在历史地震记载比较充分的情况下,可以历史上发生的最大震级作为震级上限,在历史地震资料不完整的地区,可考虑历史地震最大震级加半级作为震级上限。此外,还需要研究近期的地震活动性,通过近期强震活动以及相关的小震活动和图像特征分析,以增加判定潜在震源区的依据。

(2)地震构造类比原则:地震构造条件相同地区,其发生地震的可能性也相似。这些地区历史上虽然没有破坏性地震记载,但与已发生过破坏性地震的地区构造条件类似,也划为潜在震源区。因此,可依据强震构造标志来划分潜在震源区。此外,活动断裂的分段性及古地震遗迹均是划分潜在震源区的重要基础资料。

潜在震源区的划分着重考虑以下几点:

(1)区域地震构造格局对地震的控制作用。区域内地震活动多受北东—北北东向及北西向两组构造的控制,表现出沿这两组构造方向的条带分布。但在这两组构造中,北东—北北东向构造起主要的控制作用,发生地震强度较大,且极震区长轴方向通常都为北东—北北东;北西向构造的存在,使两者交会部位易于积累应力发生地震,沿北西向断裂发生的地震强度也相对较小。基于此认识,区域内划分的高震级潜在震源区多为北东—北北东。

(2)第四纪活动断裂及其活动性差异分段。区域内大多数第四纪活动断裂不同的段落具有不同的构造活动性。在晚更新世甚至全新世以来有过活动的断裂段,多有 $M6$ 级以上地震发生。第四纪早期活动的断裂段,地震活动多在 $M4\sim5$ 级之间。区域地震活动与断裂活动性的关系密切,是潜在震源区震级上限确定的重要依据。

(3)不同方向断裂构造的交会部位。区域内主要构造方向为北东向与北西向。前者以滨海断裂带和陆域一系列大型活动断裂带为主,后者以珠江三角洲一系列活动断裂带为代表。这两组方向的断裂交会的部位,是构造应力易于集中的地方,也是大震、强震易于发生的部位。

(4)地球物理场的畸变、转折部位或梯度带等特征与浅部构造的耦合部位。这些部位往往是构造深部背景的反映。

(5)新构造时期的断陷盆地是本区域重要的活动构造形式,区内的许多破坏性地震的发生与这些断陷盆地相关。强震常常发生在断陷盆地内某些特殊的构造部位上。

(6)历史地震的空间分布及其现代小地震活动的空间分布,是区域潜在震源区确定的重要基础依据。

6. 潜在震源区震级上限的确定依据

潜在震源区的震级上限是指该潜在震源区发生概率趋于0的极限地震的震级,通常与潜在震源区一并确定。震级上限按0.5个震级单位为间隔确定,通常分为5.5、6.0、

6.5、7.0、7.5、8.0 和 8.5 级等几个震级段。确定潜在震源区震级上限时，不是以某一个条件作为依据，也不是采用个别震例简单的构造对比，而是综合考虑潜在震源区内地震活动的状况、地震发生的构造环境、现代构造应力场作用下的发震断层的活动性质和活动性以及发震构造的规模等因素，且对于每一方面的依据，都是采用大量数据的统计结果作为构造对比的根据。潜在震源区震级上限的确定将综合考虑下列两项依据。

1)地震活动性依据

历史地震资料给出了各地区曾发生过的地震记载情况，由于有地震记载的历史年代不够长，缺失和遗漏都在所难免，因此，历史上记载的最大震级可能并不足以表示未来可能发生的最大地震的震级。一般情况下，各潜在震源区的震级上限不应低于区内最大历史地震的震级。对于已有历史地震记载的潜在震源区，若历史地震记载时间悠久并且资料比较充分，可以将历史上发生的最大地震的震级作为震级上限。在资料不完整的地区，则根据历史地震记载及该区地震构造分析的结果，将历史地震的最大震级加半级作为震级上限。在有可靠古地震资料的地方，古地震的强度也应是确定潜在震源区震级上限的依据之一。

2)地质构造依据

根据区域地震与地质构造关系的研究，按上述潜在震源区划分的原则和方法，以及潜在震源区震级上限确定的依据，提出本区划分各震级段地震潜在震源区的发震构造条件。

(1)上限为 $M7.0$ 级震级段地震潜在震源区发震构造条件。①曾发生过 $6.0\leqslant M<7.0$ 级地震。②规模较大的晚更新世—全新世活动中等的块体或次级块体边界断裂带。③区域地球物理场和地壳厚度变异带。④断裂带上规模较大、断陷幅度较大的第四纪断陷盆地。

(2)上限为 $M6.5$ 级震级段地震潜在震源区发震构造条件。①第四纪早期有过较强活动的断裂带或晚更新世有过弱活动的断裂带。②发生过 $5.0\leqslant M\leqslant 6.0$ 级地震的断裂带或近期小震活动密集带。③断层特殊结构的部位，新构造运动显著差异带。④地震构造带总长度大于 150km 的区域断裂带，发震断层段的长度为 20～30km。

(3)上限为 $M6.0$ 级震级段地震潜在震源区发震构造条件。①第四纪早期活动的断裂带。②发生过 $4.0\leqslant M\leqslant 5.5$ 级地震的断裂带或近期小震活动带。③地震构造带总长度大于 100km，发震断层段的长度为 10～20km。

本区小于 $M6$ 级的地震大多数都发生在具有上述条件的第四纪活动的断裂带及附近地区，但也有少数 $M4$～5 级地震发生在离已确认的活动断裂带有一定距离的地区，具有一定的离散性。因此，第四纪活动断裂及其两侧 10～30km 的区域或小震活动比较活跃的区域划为震级上限为 $M5.5$～6.0 级的低震级段潜在震源区。

7. 潜在震源区边界的确定原则

在确定潜在震源区范围时，考虑到高震级段的潜在震源区内发震构造条件相对较为明确，地震多发生在一些特殊构造部位，因此对于构造条件较为明确、发震构造较清楚的高震级段潜在震源区应尽可能划小，勾画出震中可能的分布范围，以突出大地震活动空间不均匀性的特点。对发震构造条件不十分清楚、空间分布不确定性因素较大的潜在震源区，适当划大或划多一些，以适应当前对这类地震的认识水平和进行不确定性分析。

8. 潜在震源区的划分

依据《中国地震动参数区划图》(GB 18306—2015)潜在震源区划分方案及研究成果，湖北省共涉及潜在震源区28个(表5-2,图5-4)，其中$M5.5$级潜在震源区5个，$M6.0$级潜在震源区17个，$M6.5$级潜在震源区4个，$M7.0$级潜在震源区2个。

表5-2　湖北省及邻区潜在震源区名称及震级上限

地震带	序号	全国潜在震源编号	潜在震源名称	$M_u(M)$
长江中游地震带	1	56	赤壁	5.5
	2	58	宜昌	5.5
	3	87	白河	5.5
	4	89	镇坪	5.5
	5	91	南漳	5.5
	6	94	仙桃	6.0
	7	95	岳阳	6.0
	8	99	荆州	6.0
长江中游地震带	9	100	咸宁	6.0
	10	101	崇阳	6.0
	11	113	恩施	6.0
	12	118	保康	6.0
	13	119	十堰	6.0
	14	120	秭归	6.0
	15	121	远安	6.0
	16	122	钟祥	6.0
	17	125	房县	6.5
	18	126	巴东	6.5
	19	128	黔江	6.5
	20	130	竹山	7.0
长江下游-南黄海地震带	21	348	安庆	6.0

续表 5－2

地震带	序号	全国潜在震源编号	潜在震源名称	$M_u(M)$
郯庐地震带	22	431	新洲	6.0
	23	434	罗田	6.0
	24	435	黄梅	6.0
	25	464	麻城	6.5
	26	479	霍山	7.0
华北平原地震带	27	533	信阳	6.0
	28	534	丹江口	6.0

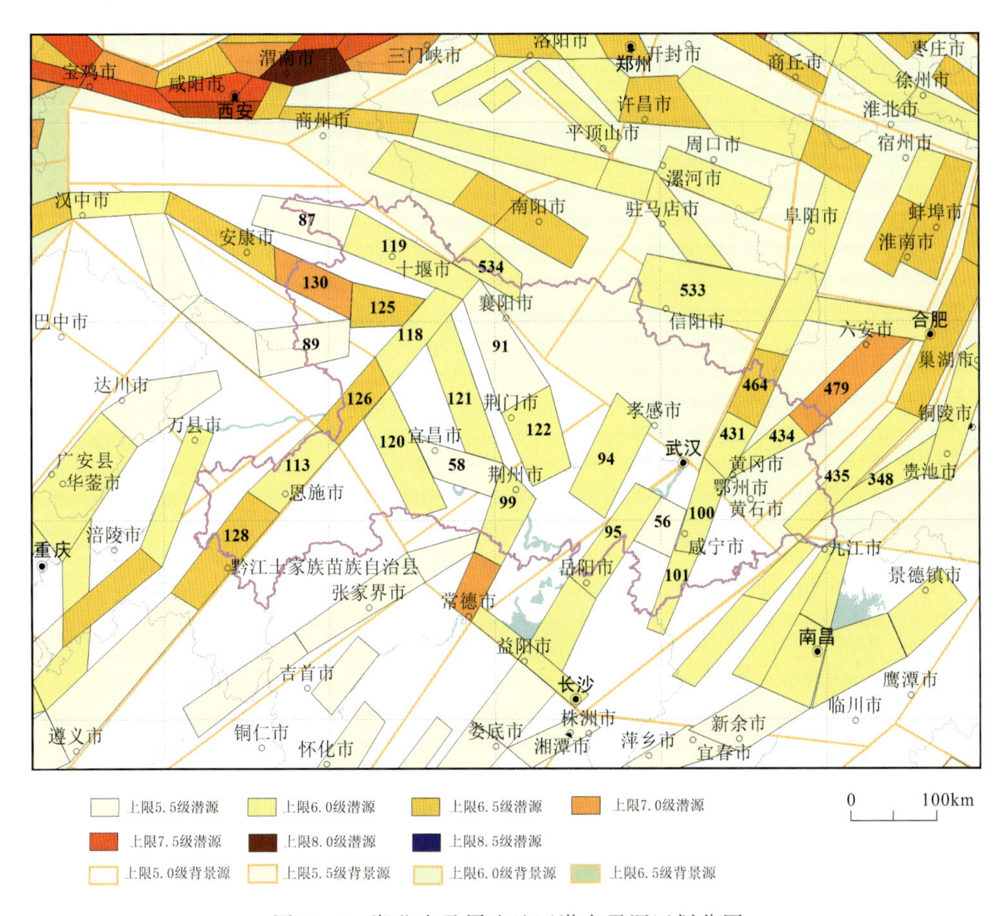

图 5－4　湖北省及周边地区潜在震源区划分图

二、地震活动性参数确定

地震带活动性参数主要包括震级上限(M_{uz})、起算震级(M_0)、b 值、年平均发生率(ν_4)。

震级上限 M_{uz} 的含义是指震级-频度关系式中，累积频度趋于零的震级极限值。确定 M_{uz} 有两条主要依据：一是历史地震资料足够长的地区，地震带中地震活动已经历几个地震活动期，可按该区内发生过的最大地震强度确定 M_{uz}；二是在同一个大地震活动区内，用构造类比外推，认为具有相似构造条件的地震带，可发生相似强度的最大地震。在实际工作中，综合考虑以上两条原则，遵从地震带的震级上限 M_{uz} 等于带内各潜在震源区震级上限(M_u)的最大值这一原则，即 $M_{uz}=(M_u)_{max}$。地震带震级上限取值见表 5-3。

表 5-3　地震带震级上限、起算震级、b 值和 ν_4

地震带	震级上限(M_{uz})	起算震级(M_0)	b	ν_4
长江中游地震带	7.0	4.0	1.2	3.2
华北平原地震带	8.0	4.0	0.86	4.6
郯庐地震带	8.5	4.0	0.85	4.0
长江下游-南黄海地震带	7.5	4.0	0.85	3.0

起算震级 M_0 是指对工程场地可能有影响的最小地震。由于我国大陆地区绝大多数是浅源地震(本区域地震就属浅源地震)，历史上不少 4 级左右地震也有可能造成轻度破坏。为保证地震危险性评定中破坏性地震计算的可靠性，各地震带取起算震级 M_0 定为 4.0 级。

b 值反映了地震带内不同大小地震频数之间的比例关系，它和地震带内的应力状态及地壳破裂强度有关。在地震危险性概率分析中，b 值是一个重要的参量，它的作用在于可以确定地震带内有效震级范围内地震震级的分布密度函数和各级地震的年平均发生率。由于 b 值是由实际地震资料统计得到的，故它与资料的可靠性、完整性、取样时空范围、样本起始震级、震级间隔等因素有关。

由于历史地震资料可用的震级范围有限，使用历史地震资料所得的 b 值往往偏低。而现代地震资料记录时间太短，强震资料不够多，单独用现代地震资料所得 b 值又往往偏高，不能反映一个地区地震活动特征。为此需联合使用历史地震与近期小震资料，依不同震级档分时间段，以在各时间段内相应震级地震不被遗漏为原则进行统计，并统一归化为年平均发生率后再线性拟合求 b 值。

地震年平均发生率(ν_4)。是指一定统计区(地震带)范围内，平均每年发生等于和大于起算震级 M_0 以上的地震次数。地震年平均发生率的大小，对地震危险性概率分析的结果影响较大。因此，年平均发生率也是地震危险性概率分析中的重要参数。对年平均发生率的主要影响因素是 b 值和选取资料的统计时段。要求被统计时段的地震活动性代表未来百年内地震活动水平。

本次工作采用《中国地震动参数区划图》(GB 18306—2015)及其研究成果，确定各地震带 b 值和 ν_4 的方法，即以不同方案进行统计分析后确定的 b 值和 ν_4 作为初值，根据各地震带内实际地震的发生率、未来地震活动趋势分析结果及1970年以来近50多年的仪器记录地震资料所反映的中强地震发生次数的分布特点等因素，并基于对未来地震危险性给予合理保守考虑的原则，进行必要的调整，最终确定各地震带活动性参数。

1)长江中游地震带

长江中游地震带为中强地震活动区，地震记载历史较长，最早一次为公元前143年6月7日竹山 $M5$ 级地震。该地震带1300年之前地震资料遗失较多，重要的地震事件有788年湖北竹山 $M6\frac{1}{2}$ 级地震。1300年以来经历两个地震活跃期(1467—1640年，1813年至今)。第一地震活跃期(1467—1640年)，江汉-洞庭盆地为主要能量释放区，最大地震为1631年常德 $M6\frac{3}{4}$ 级地震，大致经历时段为173年。第二地震活跃期自1813年起至今，$M6.0$ 级以上的地震为1856年湖北咸丰、重庆黔江间 $M6\frac{1}{4}$ 级地震、2019年6月17日四川长宁 $M6.0$ 级地震和2021年9月16日四川泸县 $M6.0$ 级地震，此外，发生十余次 $M5\frac{1}{2}\sim5\frac{3}{4}$ 级地震，如1819年贵定 $M5\frac{3}{4}$ 级地震和2005年九江-瑞昌 $M5.7$ 级地震。综上述，为保守起见，未来百年长江中游地震带地震活动性参数宜以活跃期进行估计。

图5-5为五代图中长江中游地震带地震活动性参数($b=1.2$，$\nu_4=3.2$)与实际统计数据点的比较。从图中可以看出，$M4.0$ 级以上地震年平均发生率与1970年以来的水平大致相当，五代图值略低于实际统计值，$M6$ 级以上地震理论值较为保守。出于与五代图的协调性和保守性考虑，该地震带参数最终选用五代图结果，即 $b=1.2$，$\nu_4=3.2$。

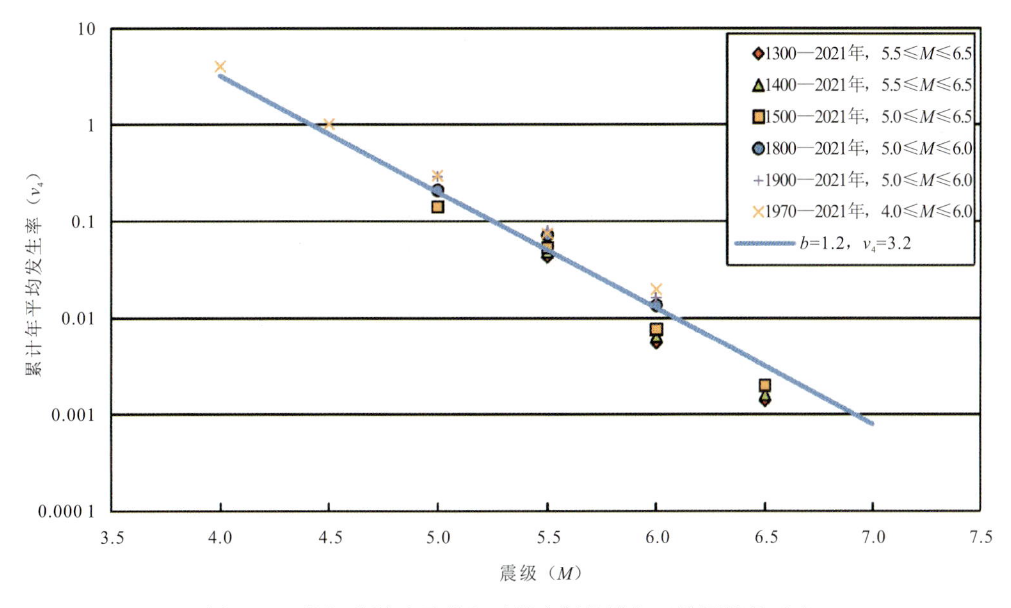

图5-5　长江中游地震带各时段实际统计与五代图结果对比

2)华北平原地震带

华北平原地震带最早的地震记载为公元前1767年河南偃师$M6$级地震。1450年之前,仅记录19次地震,地震缺失较多,1450年后地震记录较多。1450年以来经历两个地震活跃期,第一地震活跃期为1485—1679年,第二地震活跃期为1791年至今。第一地震活跃期发生$M8$级地震1次,即1679年三河-平谷$M8$级地震,$M6.0\sim6\frac{1}{2}$级地震8次;第二地震活跃期发生5次$M7.0\sim7.8$级地震、14次$M6.0\sim6\frac{1}{2}$级地震。未来百年华北平原地震带地震活动参数宜以平均地震活动水平($M6\sim7$级)来估计。

图5-6为五代图中华北平原地震带地震活动性参数($b=0.86$,$\nu_4=4.6$)与实际统计数据点的比较。从图中可以看出,$M4.0$级以上地震年平均发生率与1950年以来的水平大致相当;在中强震级段与1791年以来的平均地震活动水平相当,该活动期以中强地震活动为主要特征;而在高震级段,以1484年以来的地震发生率控制。出于与五代图的协调性考虑,该地震带参数最终选用五代图结果,即$b=0.86$,$\nu_4=4.6$。

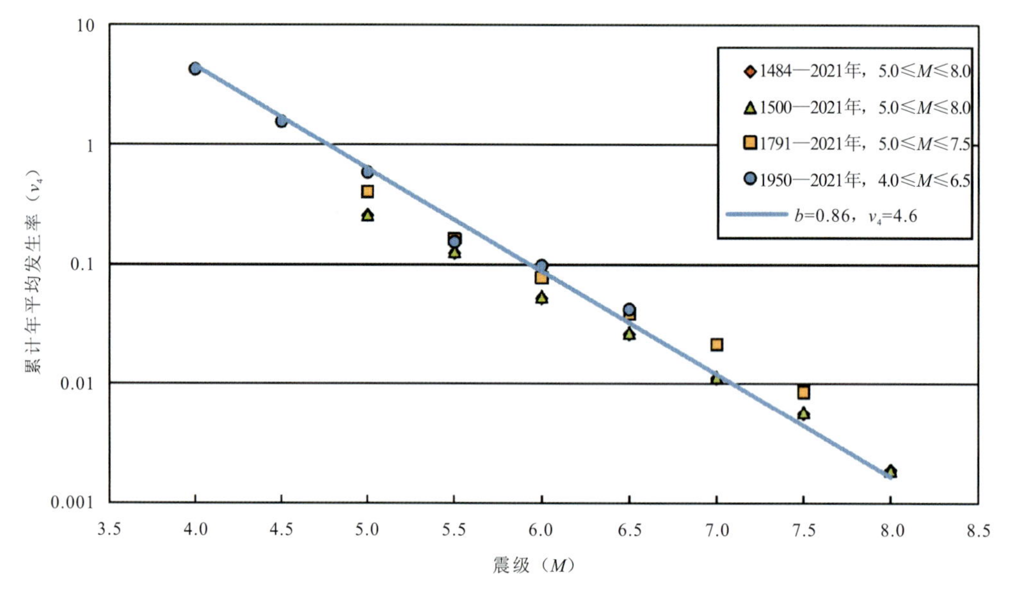

图5-6 华北平原地震带各时段实际统计与五代图结果对比

3)郯庐地震带

郯庐地震带最早的地震记载为公元前70年6月1日安丘$M7$级地震。1400年之前,仅记录13次地震,地震缺失较多,1400年后地震记录较多,但由于明末清初和清晚期社会动荡影响,地震史料记载中$M5$级左右地震易遗漏失记,尤其是渤海内部。因此,只有1900年以后地震记录才基本完整。1400年以来该区经历两个地震活跃期(1477—1687年,1829年至今)。第一地震活跃期1477—1687年,最大地震为1668年山东郯城$M8\frac{1}{2}$级特大地震,2次$M7$级地震分别为渤海内1548年、1597年地震事件,尚有4次$M6$级地震和20余次$M5$级左右地震,第一地震活跃期结束后,1688—1828年,本地震带处于相当平静的状态，仅有6次较小至中等地震发生，即约142年的地震平静期。

第二地震活跃期大致为1829年至今，初始即有1829年山东临朐$M6\frac{1}{4}$级地震和1831年安徽凤台$M6\frac{1}{4}$级地震，但其前30年和后16年均无$M5$级左右地震伴随，可能缺记遗漏。从保守角度权衡，在顾及郯庐断裂带中段并不能排除$M7\sim7\frac{1}{2}$级地震背景条件下，未来百年，郯庐地震带地震活动参数宜以活跃期水平估计。

图5-7为五代图中郯庐地震带地震活动性参数($b=0.85$，$\nu_4=4.0$)与实际统计数据点的比较。从图中可以看出：$M4.0$级以上地震年平均发生率与1970年以来的水平大致相当；在中强震级段与活跃期地震活动水平相当；而在高震级段，基本与1500年以来活动水平相当。出于与五代图的协调性和保守性考虑，该地震带参数最终选用五代图结果，即$b=0.85$，$\nu_4=4.0$。

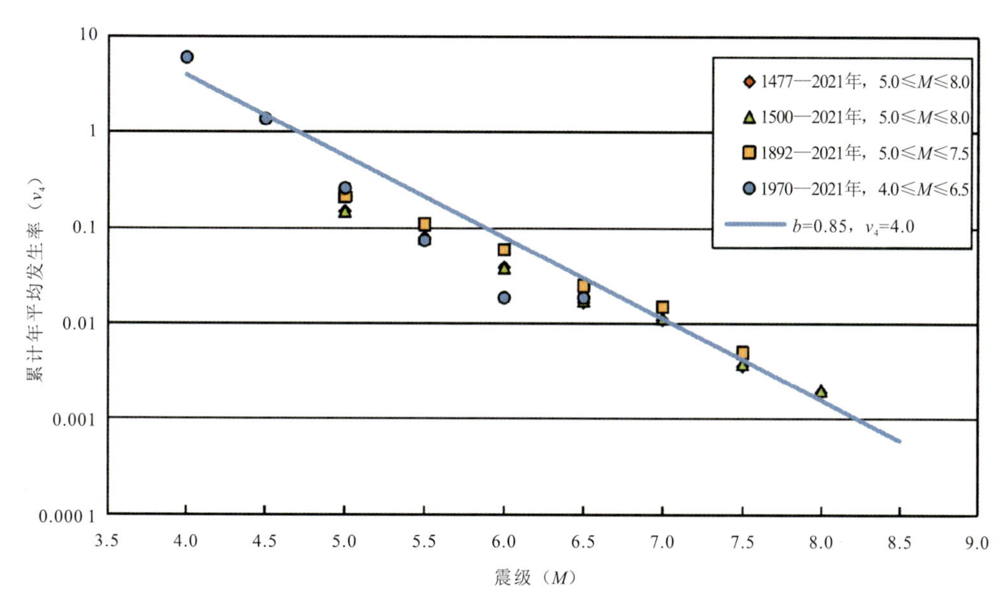

图5-7　郯庐地震带各时段实际统计与五代图结果对比

4)长江下游-南黄海地震带

长江下游-南黄海地震带最早的地震记载为499年8月5日南京$M4\frac{3}{4}$级地震。1485年之前，仅记录4次地震，地震缺失较多，1485年后地震记录较多，但由于地震主要分布于南黄海中，故1900年以来地震记录才基本完整。1485年以来该区经历两个地震活跃期。第一地震活跃期为1491—1764年，时长约273年。该时期地震明显有遗漏，但亦显示了中强地震活动水平，即1505年南黄海$M6\frac{3}{4}$级地震、1624年扬州$M6$级地震和1764年南黄海$M6$级地震等。其后“缺震”平静持续了76年。第二地震活跃期自1840年以来至今，从保守角度出发，未来百年，长江下游-南黄海地震带活动性参数以活跃期水平估计为宜。

图5-8为五代图中长江下游-南黄海地震带地震活动性参数($b=0.85$，$\nu_4=3.0$)与

实际统计数据点的比较结果可以看出，$M4.0$ 级以上地震年平均发生率与 1970 年以来的水平大致相当，在 6.0～6.5 级略低，主要是该档地震在这一时期较为集中所致，理论发生率取多个时段的中间值。由于在高震级段样本较少，因此理论发生率略保守。出于与五代图的协调性和保守性考虑，该地震带参数最终选用五代图结果，即 $b=0.85$，$\nu_4=3.0$。

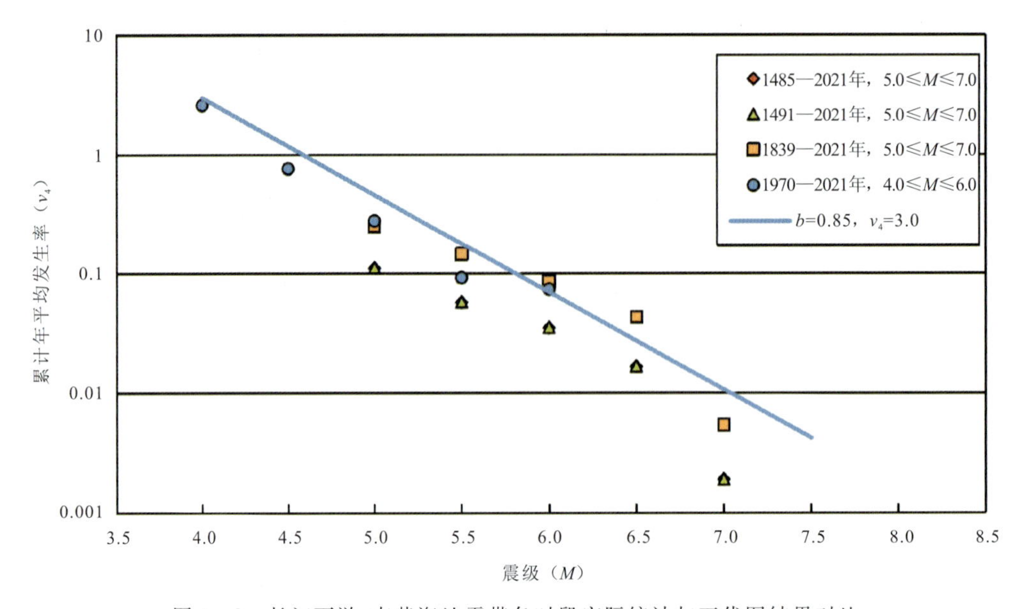

图 5－8　长江下游-南黄海地震带各时段实际统计与五代图结果对比

三、潜在震源区活动性参数的确定

潜在震源区活动性参数包括震级上限 M_{uz}，空间分布函数和椭圆等震线长轴取向及分布概率。震级上限在划分潜在震源区时，依据潜在震源区本身的地震活动性及地震构造特征已经确定。

1）震级上限 M_{uz}

潜在震源区的震级上限 M_{uz} 是指该潜在震源区内可能发生的最大震级，并预期未来发生超过该震级的概率趋于 0。潜在震源区的震级上限主要由该潜在震源区本身的地震活动性和地质构造特点来确定。

2）空间分布函数 f_{i,m_j}

在地震活动统计单元内，根据地震地质、地震活动性、历史地震资料等划分了若干个潜在震源区。地震活动空间分布函数是描述活动统计单元内有关潜在震源区的地震活动时、空不均匀性的一个具体函数。该函数在地震危险性分析中至关重要。

确定空间分布函数时，主要考虑以下因子：对 6 级以下的低震级潜在震源区，主要是小地震空间分布密度。对 6.5 级以上的潜在震源区，主要是：①长期地震活动背景；②具备发生 7 级以上地震的构造段；③潜在震源可靠程度。

空间分布函数获得的具体步骤如下：

(1)震级分档。为了不低估大地震的影响，恰如其分地将地震年平均发生率 ν_4 分配到每个潜在震源区去，因此采用了震级分档。本次震级分档间隔取为 0.5 级，从 4.0 级至 7.0 级分为 4 个震级档次，分别为 4.0～5.5、5.5～6.0、6.0～6.5 和 6.5～7.0，然后按不同震级分档，结合我国地震中长期预报成果，分别统计地震活动空间分布函数。

(2)使用多因子综合评判法。为了能够反映我国地震分布的时空不均匀性特征，采用多因子综合评判法是较为合理的。在使用过程中，要考虑以下几个方面的因素：潜在震源区的可靠程度、地震中长期预报成果、大地震的减震作用、小震活动、强震复发间隔与构造空段、地震活动的重复性、相同震级档地震的随机性。具体分析时，根据上述几个方面的因素对地震活动空间分布函数赋值。

(3)归一化。由于考虑了晚期强余震活动的影响，增大了该潜在震源区相应震级档的空间分布函数。所以，凡是考虑了晚期强余震影响的地震带，相应震级档的空间分布函数之和往往是不归一的。

3)椭圆等震线长轴取向及分布概率

由于地震等震线为椭圆形，除地震震级和距离外，等震线长轴取向对场地地震危险性起着一定的作用，在近场尤其显著。通常，内圈等震线比较狭长，外圈等震线逐渐趋于圆形。因此，等震线的取向对近场地震动的影响较大，而对远场区的影响较小。

在地震危险性分析计算中，等震线取向与相应潜在震源区的构造走向有关，其方向性函数可表示为

$$f(\theta)=p_1\delta(\theta_1)+p_2\delta(\theta_2)$$

式中：θ 为潜在震源区内构造走向与正东方向的夹角；p_1 和 p_2 为相应的分布概率。具体确定时通常按以下三种情况分别取值：

(1)单一断层性质。主破裂面沿区域构造走向，特别是一些新生的断裂构造走向发育。这些地段的主破裂方向均取为新活动构造的走向。这是一种单一断层走向类型，主破裂面只有一个走向。

(2)共轭断层性质。在有共轭断裂存在的潜在震源区，地震破裂面沿共轭断裂走向产生，一般两个方向的概率各占 50%，其椭圆长轴取向也应取两个方向，其概率各占 50%。这时

$$f(\theta)=0.5\delta(\theta_1)+0.5\delta(\theta_2)$$

式中，θ_1 与 θ_2 分别为共轭断裂的两个走向。

(3)一组断层为主，一组断层为辅。在表现为主干断裂和分支断裂交会的潜在震源区，主干断裂走向的概率约为 0.7，分支断裂走向的概率约为 0.3，则

$$f(\theta)=0.7\delta(\theta_1)+0.3\delta(\theta_2)$$

式中，θ_1 与 θ_2 分别为主干断裂和分支断裂的走向。

依据上述原则，计算直接采用了第五代中国地震动参数区划图给出的地震活动统计单元空间分布函数。

四、地震动预测方程选择

确定地震动预测方程是地震危险性分析中的重要环节。地震动衰减由于与地震波传播路径中地壳介质的物理力学性质以及震源错动性质和场地土质条件有关，因而具有明显的地区特点。

地震动预测方程包括场地基岩水平向峰值加速度预测方程。具体方程采用了中国地震局发布的第一次全国自然灾害综合风险普查技术规范《地震危险性图编制规范》中给出的适用于中强地震区的地震动预测方程。其具体形式如下

当 $M<6.5$ 时：

$$\lg Y(M,R)=A_1+B_1M-C\lg[R+D\exp(E\times M)]$$

当 $M\geqslant 6.5$ 时：

$$\lg Y(M,R)=A_2+B_2M-C\lg[R+D\exp(E\times M)]$$

式中：M 为面波震级；R 为震中距；A_1、A_2、B_1、B_2、C、D、E 为模型系数。式中的参数如表 5-4 和图 5-9 所示。

表 5-4 中强地震区基岩水平向加速度预测方程模型系数(长轴)

	A_1	B_1	A_2	B_2	C	D	E	σ
长轴	2.452	0.499	3.808	0.290	2.092	2.802	0.295	0.245
短轴	1.738	0.475	2.807	0.310	1.734	1.295	0.331	0.245

注：σ 为标准差；适用范围 $M=5.0\sim7.0$、$R=0\sim200$km。

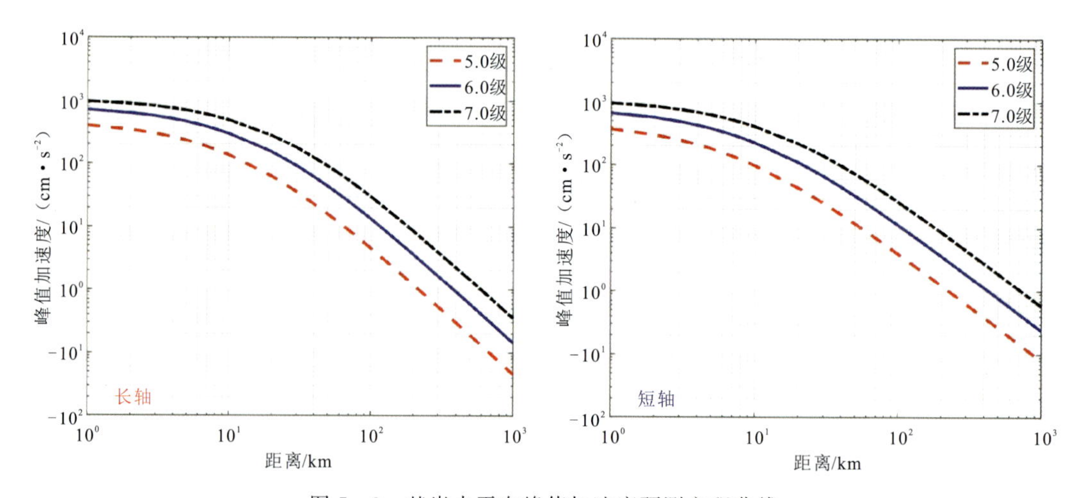

图 5-9 基岩水平向峰值加速度预测方程曲线

第三节 地震危险性计算

(1)控制点选取原则:按照湖北省全域30″网格划分进而确定计算控制点。用于本次地震危险性分析的计算点数总计253 371个。

(2)概率水平选取:包含50年超越概率63%、50年超越概率10%、50年超越概率2%和100年超越概率1%四个概率水平。

(3)地震动参数选取:选择水平向峰值加速度作为计算参数。

第四节 场地调整

控制点场地类别:根据全国地震灾害风险普查项目提供的宏观场地类别数据库确定控制点场地类别。

地震动场地调整方案:地震危险性概率计算得到的基岩峰值加速度对应为Ⅰ$_1$类场地峰值加速度。根据《中国地震动参数区划图》(GB 18306—2015)中的场地调整方案进行场地地震动峰值加速度调整。根据基岩(Ⅰ$_1$类场地)地震动峰值加速度值,按下式确定场地峰值加速度值:

$$a_x = a_{I_1} F_a$$

式中:a_x、a_{I_1}分别为控制点场地和Ⅰ$_1$类场地地震动峰值加速度;F_a为场地地震动峰值加速度调整系数(表5-5),具体取值按表中所给值采取分段线性插值方法确定。

表5-5 场地地震动峰值加速度调整系数

Ⅰ$_1$类场地地震动峰值加速度/gal	场地类别				
	Ⅰ$_0$	Ⅰ$_1$	Ⅱ	Ⅲ	Ⅳ
≤40	0.90	1.00	1.25	1.63	1.56
≤80	0.90	1.00	1.22	1.52	1.46
≤125	0.90	1.00	1.20	1.39	1.33
≤170	0.89	1.00	1.18	1.18	1.18
≤285	0.89	1.00	1.05	1.05	1.00
≥400	0.90	1.00	1.00	1.00	0.90

第五节　地震危险性编图

地震危险性分级：根据年超越概率 10^{-4} 的地震动峰值加速度(a_x)，将场地地震危险性分为 4 级，如表 5－6 所示。根据场地类别编制峰值加速度危险图。

表 5－6　地震危险性等级划分表

地震危险性分级	峰值加速度范围/gal
1 级	$a_x \geqslant 760$
2 级	$380 \leqslant a_x < 760$
3 级	$190 \leqslant a_x < 380$
4 级	$a_x < 190$

第六节　评估结果

本次工作利用地震危险性概率分析计算程序 SEC2019 软件(中国地震灾害防御中心开发)以及前面给出的有关参数、地震动衰减关系，按照《建筑抗震设计规范》(GB 50011—2010)和《工程场地地震安全性评价》(GB 17741—2005)的要求，对湖北省全域进行了地震危险性概率分析，并对结果进行了不确定性校正，计算给出了各个危险性分级的面积和面积占比等数据，见表 5－7。绘制了湖北省 50 年超越概率 63％、10％、2％的场地峰值加速度分布图和 100 年超越概率 1％的场地峰值加速度分布图、地震危险性等级分布图，如图 5－10～图 5－14 所示。

表 5－7　湖北省地震危险性等级面积统计表(100 年超越概率 1％)

危险性分级	面积/km²	面积占比/％
2 级	4 330.35	2.33
3 级	83 227.6	44.76
4 级	98 374.5	52.91

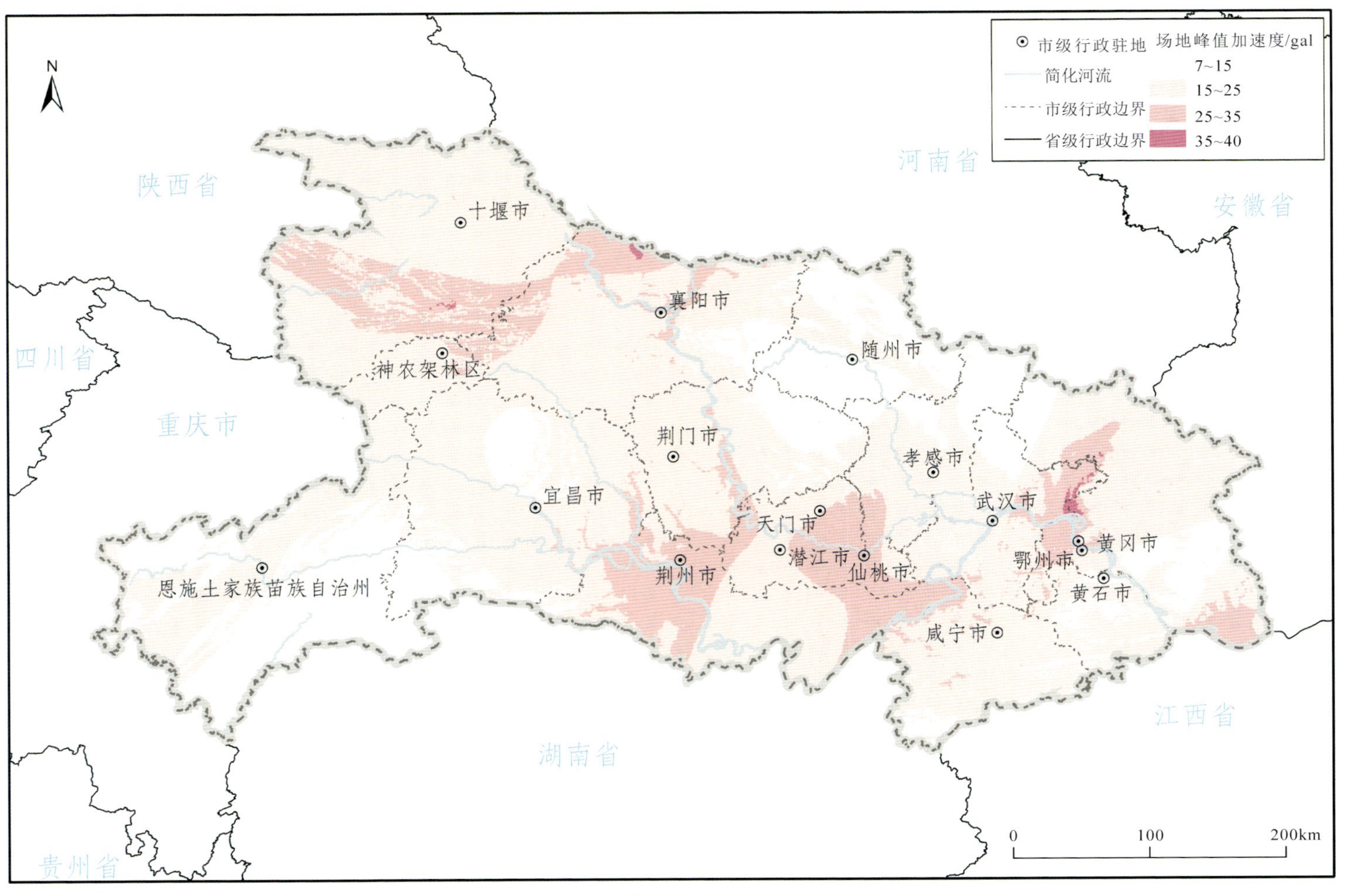

图5－10　湖北省50年超越概率63%的场地峰值加速度分布图

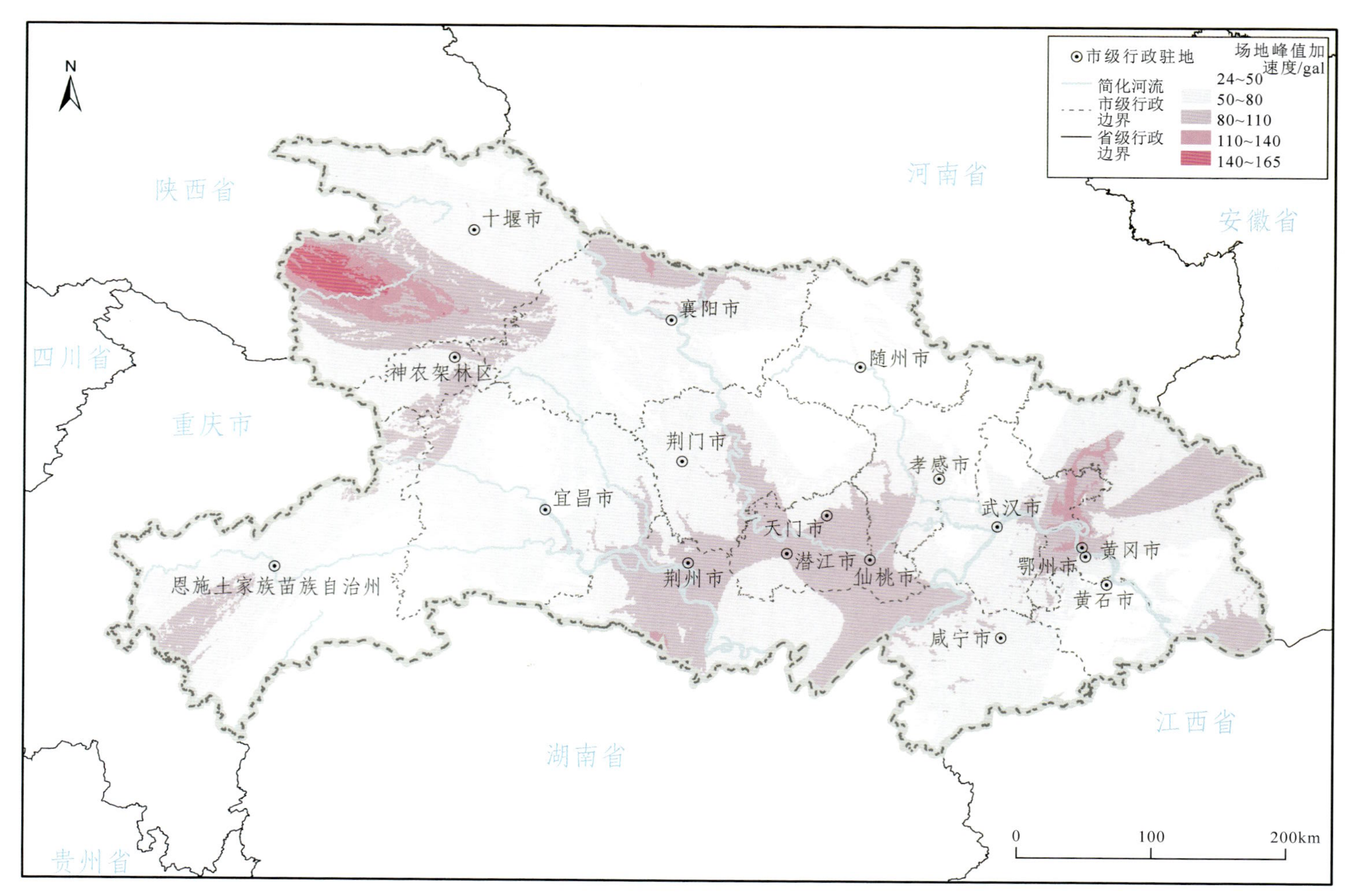

图5－11 湖北省50年超越概率10%的场地峰值加速度分布图

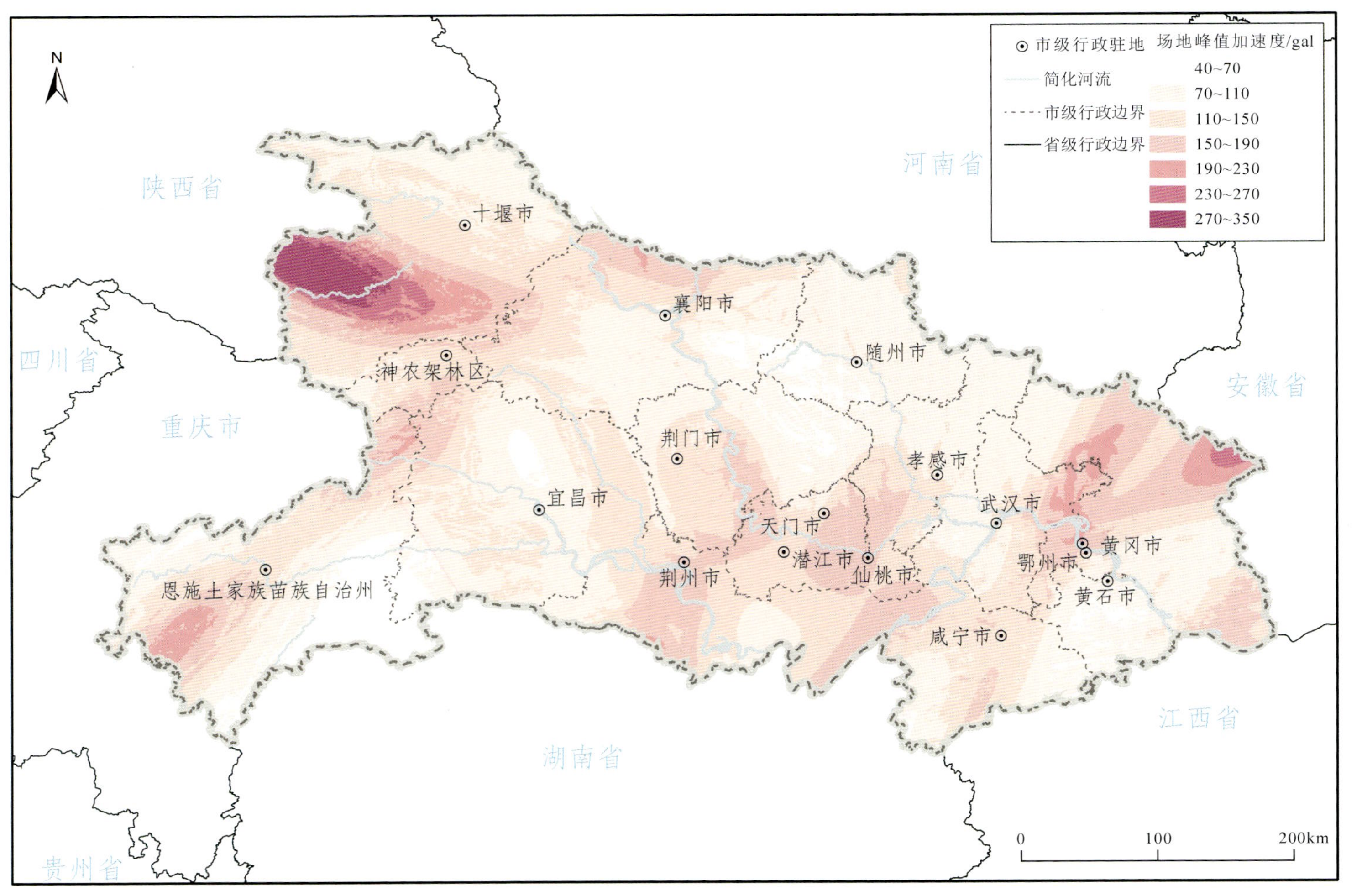

图 5－12　湖北省 50 年超越概率 2% 的场地峰值加速度分布图

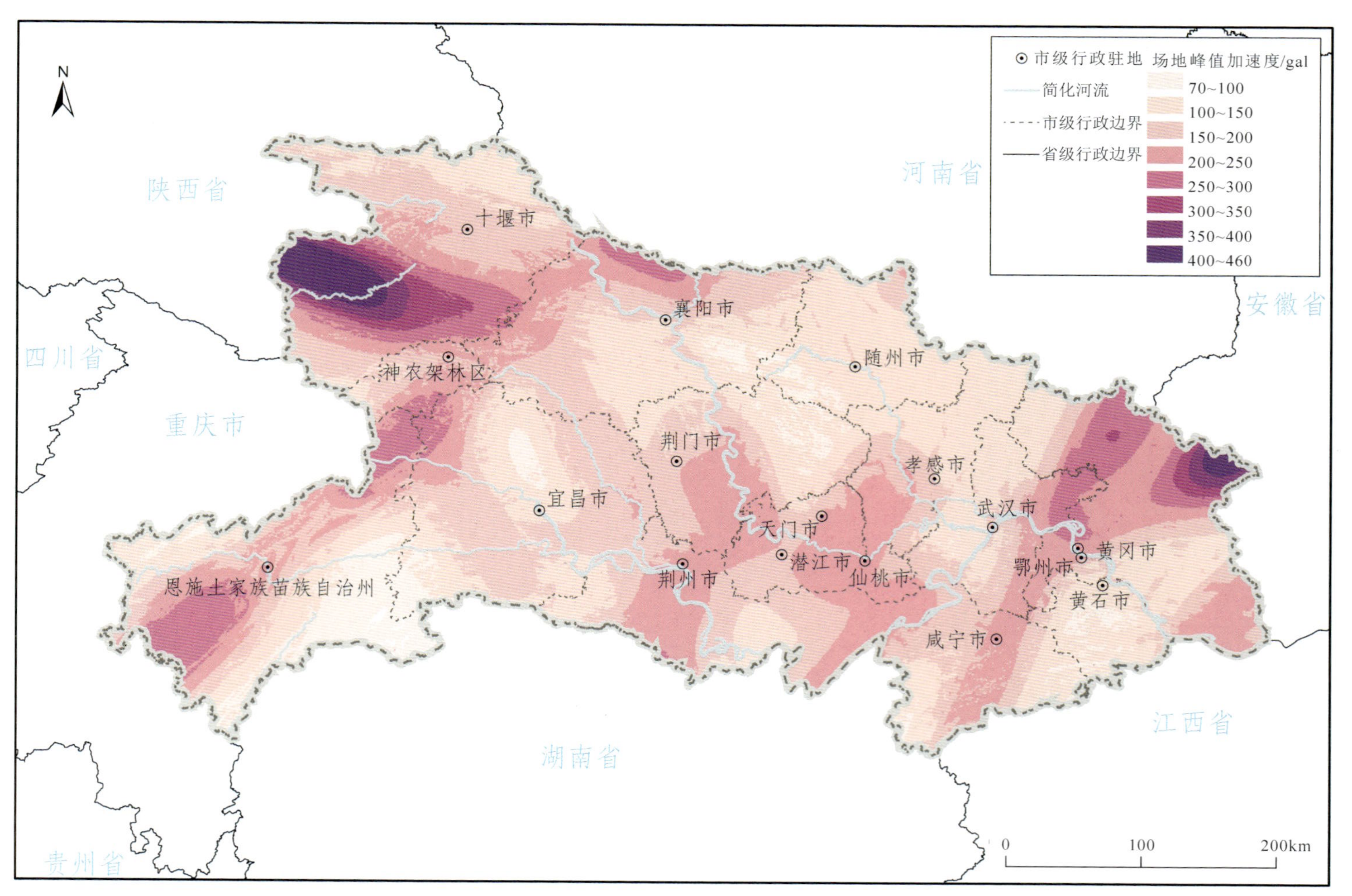

图 5－13　湖北省 100 年超越概率 1％的场地峰值加速度分布图

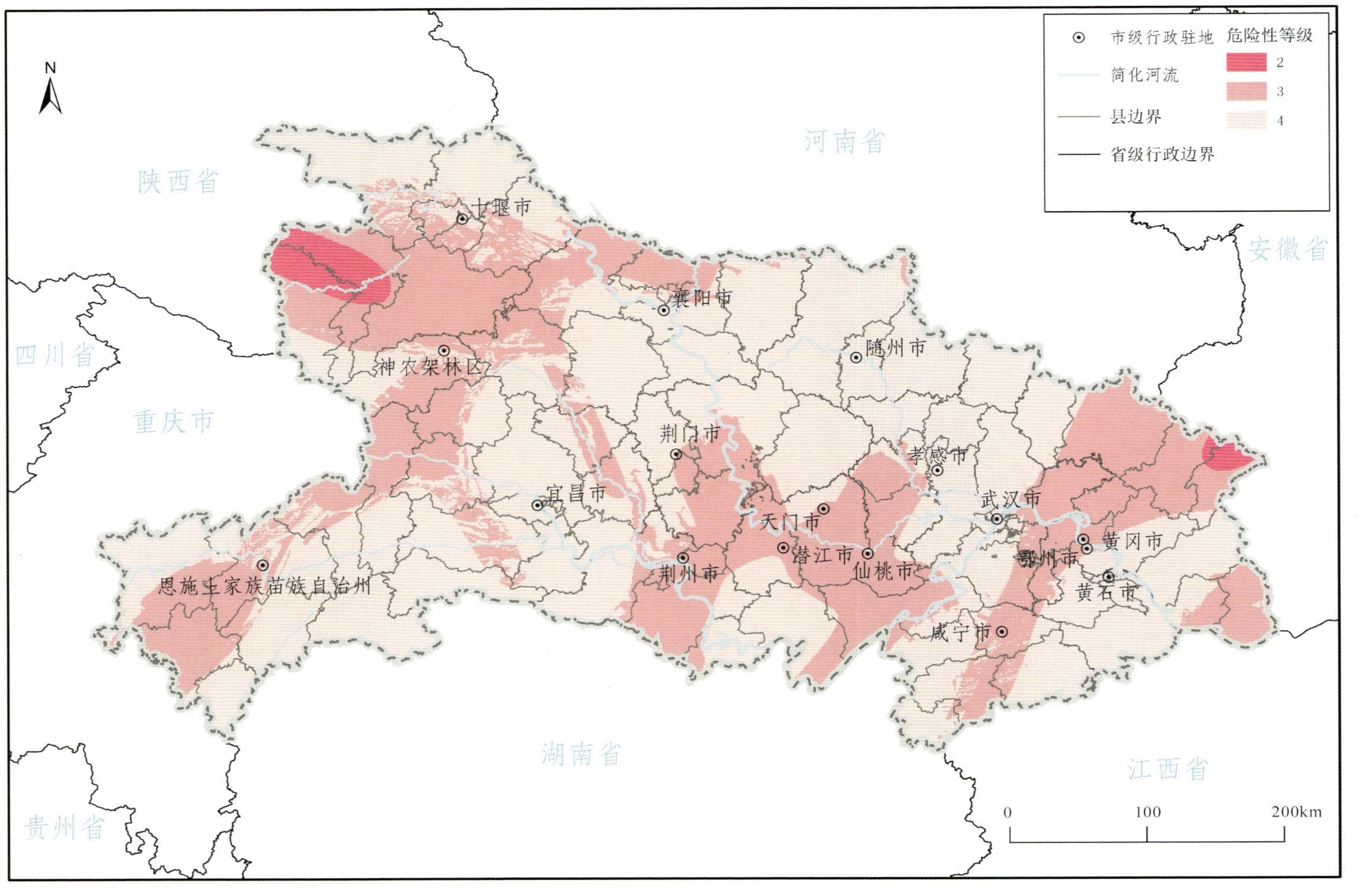

图5-14 湖北省地震危险性等级分布图（100年超越概率1%）

由上述图表可知，湖北省地震危险性等级包括2级、3级和4级，以4级为主。其中，等级为2级的区域面积占比为2.33%，等级为3级的区域面积占比为44.76%，等级为4级的区域面积占比为52.91%。具体来讲，2级区主要分布在鄂西北的竹山县和竹溪以及鄂东北的英山；3级区主要分布在十堰市的竹溪县、竹山县、房县、丹江口市和郧县，襄阳市的老河口市、谷城县和保康县，恩施州的建始县、利川市和咸丰县，宜昌市的兴山县、秭归县和长阳县等；其余地区则多为4级区域。

第六章

地震灾害风险评估与区划

地震灾害风险评估与区划是地震学与工程实践相结合的重要分支，是地震防灾减灾的基础性工作。地震灾害风险评估是指对地震发生时可能造成的损失进行评估的过程。它包括地震危险性分析、承灾体脆弱性评估和地震灾害损失评估三个方面。地震危险性分析是指对地震发生的可能性和强度进行评估的过程。它主要考虑地震活动构造背景、历史地震活动资料、现今地震活动监测资料等因素。承灾体脆弱性评估是指对地震发生时可能遭受损失的建筑物、设施和人员等承灾体进行评估的过程。它主要考虑承灾体的结构类型、抗震能力、使用状况等因素。地震灾害损失评估是指对地震发生后可能造成的经济损失和人员伤亡进行评估的过程。它主要考虑地震的破坏程度、承灾体的价值和人口分布等因素。地震灾害风险区划是指根据地震灾害风险评估的结果，将地震灾害风险划分为不同等级区域的过程，可为地震防灾减灾工作提供依据。

综上所述，湖北省地震灾害风险评估属于区域地震灾害风险评估，即以公里网格承灾体作为评估单元，采用普适型数据进行评估。本章主要开展湖北省基于公里网格（实际为30″×30″）的建筑物抗震能力综合分区分类工作，建立了湖北省在不同分类情况下各类建筑结构的地震易损性分析方法；基于地震易损性分析结果，通过湖北省地震灾害风险评估，给出了湖北省在4个超越概率水平地震危险条件下人员伤亡和直接经济损失，为地震灾害综合防治和地震易发区房屋加固工程提供基础依据。

第一节　工作方法

一、房屋建筑抽样详查

充分利用已有各类相关规范标准，包括地震动参数（烈度）区划图、工程设防分类标准、抗震鉴定标准、各类结构设计规范、震害预测等。基于承灾体普查数据、工程场地信息等相关成果，按照区域特点、结构类型、历史震害特点、易损性需求、抽样率等设定抽样对象，提取抽样对象的详细信息，采用抽样详查的方式，对已选定的抽样详查对象，按照工程建设资料是否完备分别开展详查，建立全省房屋建筑详查抽样数据库。

二、承灾体地震易损性分析

首先，基于本次评估与区划的承灾体调查结果，分别对房屋建筑及主要公路交通基础设施的典型结构进行合理的区域划分，给出典型工程结构的易损性区域划分。然后，总结给出不同区域典型建筑结构和主要公路交通基础设施的建造特点和结构特征，对不同地区典型工程结构，采用基于震害统计分析、类比分析、数值模拟和试验等方法建立的各类典型工程结构地震易损性模型，给出适用于不同区域的典型工程结构的地震易损性分析结果。最后，建立典型结构类型房屋建筑、主要公路交通基础设施及生命地震易损性数据库。

三、地震灾害风险评估

基于适用于不同地区的群体地震易损性分析结果、承灾体暴露度和社会财富，给出不同空间范围和尺度的建筑物直接经济损失分布图和地震人员死亡分布图。

经济损失风险＝地震危险性×易损性×损失比×社会财富

人员死亡数量＝人员死亡率×地区修正系数×易损性×人口密度

四、地震灾害风险区划

地震灾害综合风险评估：融合工程、社会、经济等多元信息，结合地震危险性和群体建筑物地震易损性，开展不同区域不同尺度的地震灾害风险的评估，给出地震灾害综合风险评估结果。

地震灾害风险图编制：依据地震灾害风险划分等级标准，综合确定不同区域的地震灾害风险水平，给出地震灾害风险分级结果，编制 1∶25 万地震灾害风险图及风险区划图。风险区划图以县级行政单元为单位，风险等级分为 5 级，具体见表 6－1。

表 6－1　区域地震灾害风险等级分级指标

风险等级	分级指标（以区/县行政区为估算单元）
Ⅰ级	死亡人数≥300； 或（直接经济损失/区域内上年度 GDP）≥75％
Ⅱ级	300＞死亡人数≥150； 或 75％＞（直接经济损失/区域内上年度 GDP）≥45％
Ⅲ级	150＞死亡人数≥50； 或 45％＞（直接经济损失/区域内上年度 GDP）≥25％
Ⅳ级	50＞死亡人数≥10； 或 25％＞（直接经济损失/区域内上年度 GDP）≥15％
Ⅴ级	死亡人数＜10 （直接经济损失/区域内上年度 GDP）＜15％

第二节 工作流程

根据本次普查获得的湖北省房屋、人口普查数据，建立湖北省房屋、人口的标准格网数据，作为风险评估基本单元。基于房屋建筑抽样详查及历史地震灾害统计、数值模拟与物理实验等方式建立湖北省房屋建筑地震易损性模型。综合湖北省地震危险性分析结果，开展湖北省地震灾害风险评估与区划。湖北省地震灾害风险评估流程如图 6－1 所示。

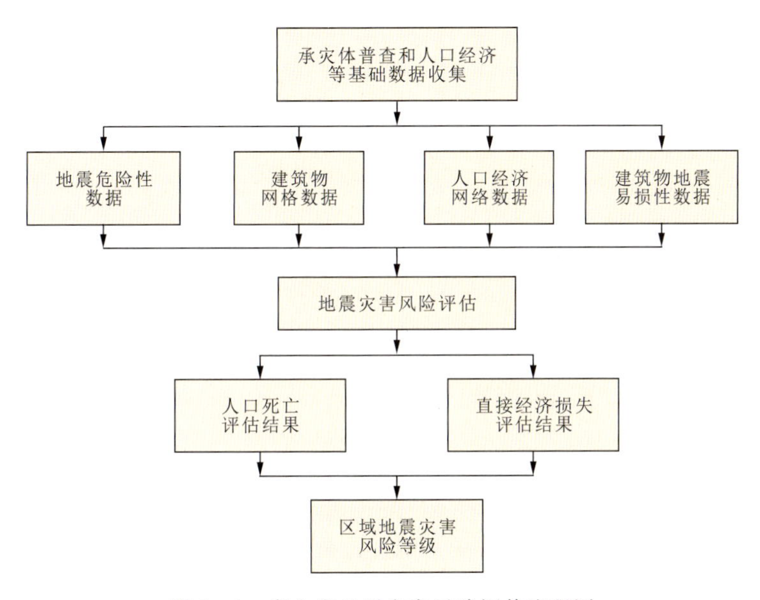

图 6－1 湖北省地震灾害风险评估流程图

湖北省地震灾害风险评估所需的房屋、人口和 GDP 格网数据，直接从湖北省第一次自然灾害风险普查办公室获取数据共享，由湖北省地震局上传至全国地震灾害风险评估与区划系统（HAZ－China）中。地震危险性分析数据由湖北省地震局负责计算，采用了湖北省统一的地震易损性分析模型数据；承灾体地震易损性分析工作由中国地震局工程力学研究所完成；地震灾害风险评估与区划工作由湖北省地震局普查项目实施组成员负责实施，在全国地震灾害风险评估与区划系统（HAZ－China）中开展不同概率的经济损失评估与区划、不同概率的死亡人口评估与区划工作，将形成的评估与区划成果数据导出后，由技术人员根据第一次全国自然灾害综合风险普查成果地图编制与制图技术规范（试点版）（FXPC/YJ P—20）进行成果图件编制，最终将成果数据汇交至湖北省第一次自然灾害风险普查办公室。

第三节 地震灾害风险评估方法

一、地震人员死亡评估概述

国内外地震灾害风险评估方法有以下几种。

(1)经验公式法：使用历史地震数据建立经验公式，用于估计特定震级和震源深度下的人员死亡数量。

(2)震害模拟法：使用计算机模拟地震波的传播和建筑物的响应，评估人员伤亡情况。此方法考虑建筑物类型、人口分布、救援能力等因素。

(3)历史数据分析法：分析历史地震中的人员死亡数据，建立统计模型，用于预测未来地震的人员死亡数量。此方法考虑地震发生时间、地点、震级、人口密度等因素。

(4)专家意见法：邀请地震、建筑、救援等领域的专家，根据他们的专业知识和经验，对人员死亡数量进行评估。

(5)综合评估法：结合以上多种方法，综合考虑不同因素的影响，得出更准确的人员死亡评估结果。

二、影响人员死亡数量的因素

地震震级和震源深度：震级越大、震源越浅，人员死亡数量越多。

震源位置：震源靠近人口密集区，人员死亡数量越多。

建筑物抗震能力：抗震能力越差的建筑物，人员死亡数量越多。

人口密度：人口密度越大，人员死亡数量越多。

救援能力：救援能力越强，人员死亡数量越少。

三、湖北省地震人员死亡评估方法

地震时的人员伤亡除了与地震烈度有关以外，尚受到发震时间、震中位置、地震区地质地形条件、人口分布等因素的影响(图 6－2)。综合考虑以上关键影响因素，建立分类评价的人员伤亡评估模型，构建其分类评价指标，对不同区域人员伤亡进行分类评价(孙柏涛和张桂欣，2017)。

基于历史震害统计数据，分析影响伤亡的关键因素，主要考虑建筑破坏(Sun et al.，2018)、地区人口分布等，建立人员死亡空间分布模型，如式(6－1)所示。

$$PL=\sum_{r=1}^{11}\sum_{s=1}^{5}\sum_{j=1}^{5}D_j\times C_r\times B_s\times(P_s[D_j\mid I]\times A_s)\times\left(\rho\frac{M_r}{A_r}\right)\qquad(6-1)$$

式中：PL 为地震人员死亡数量；r 为不同分级区域；B 为建筑结构；s 为结构类型；j 为破

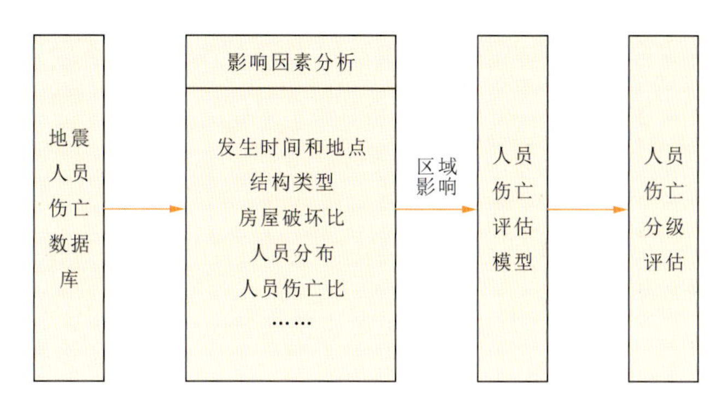

图 6-2　人员伤亡评估模型及分级评价研究思路图

坏等级；D_j 为建筑结构在破坏等级 j 以下的人员死亡率；C_r 为区域 r 分级修正系数；B_s 为第 s 类建筑结构的修正系数；$P_s[D_j|I]$为结构破坏比；I 为地震烈度；A_s 为第 s 类建筑结构的总面积(m^2)；$\rho\dfrac{M_r}{A_r}$为室内人口密度(人/m^2)，ρ 为不同时段室内人员的影响系数，M_r 为该区域的总人口数，A_r 为该区域的总建筑面积。

(一)室内人员影响系数

1. 城市人口在室率

城市居民一年的活动时段可以分为工作日和节假日。城市居民可分为就业人口和非就业人口。对于就业人口，城市居民在工作日一天 24h 的活动可以分为以下几个时段：

(1)工作日 6—8 时和 16—19 时，大部分上班族和学生在通勤时间，处于上下班路上，老人、学龄前儿童等大部分处于室内，此阶段办公场所和工厂人员很少。

(2)8—16 时是大部分上班族和学生都处于室内，此阶段商场、超市等也是顾客最多的时间。

(3)19 时至次日 6 时，绝大部分人员处于室内。节假日居民活动时间和范围离散性很大。

因此，如果地震发生在第三个时间段(19 时至次日 6 时)，由于几乎所有的居民都处于室内，伤亡最重。第二个时间段(8—16 时)有一定比例的人员处于室内，但室内人员密度总体比第一个时间段低，这个时间段里发生地震，造成的伤亡要次于第三个时间段(19 时至次日 6 时)，且高于第一个时间段(6—8 时和 16—19 时)。

2. 农村人口在室率

根据农村居民活动特点，可分为两个时段。

(1)6—19 时,大部分农民在室外劳作。

(2)19 时至次日 6 时,这段时间内大部分人员处于室内。

(二)结构类型影响系数

震害表明,房屋结构类型对地震人员伤亡的影响极大。考虑了结构类型对人员死亡情况的影响,通过统计历次地震中各类建筑破坏情况同人员死亡的关系,给出了结构类型对人员死亡的影响系数(Sun et al.,2018)。

四、建筑物直接经济损失评估概述

国内外建筑物直接经济损失评估方法有以下几种。

(1)经验公式法:使用历史地震数据建立经验公式,用于估计特定震级和震源深度下建筑物的直接经济损失。

(2)震害模拟法:使用计算机模拟地震波的传播和建筑物的响应,评估建筑物的直接经济损失。该方法考虑建筑物类型、结构特性、地震波参数等因素。

(3)历史数据分析法:分析历史地震中建筑物的直接经济损失数据,建立统计模型,用于预测未来地震的建筑物直接经济损失。该方法考虑地震发生时间、地点、震级、建筑物类型等因素。

(4)专家意见法:邀请地震、建筑、评估等领域的专家,根据他们的专业知识和经验,对建筑物的直接经济损失进行评估。

(5)综合评估法:结合以上多种方法,综合考虑不同因素的影响,得出更准确的建筑物直接经济损失评估结果。

五、影响建筑物直接经济损失的因素

地震震级和震源深度:震级越大、震源越浅,建筑物直接经济损失越大。

震源位置:震源靠近建筑物,建筑物直接经济损失越大。

建筑物类型和结构特性:抗震能力差的建筑物,直接经济损失越大。

建筑物总建筑面积:建筑物面积越大,直接经济损失越大。

建筑物用途:重要建筑物,如医院、学校等,直接经济损失更大。

六、建筑物直接经济损失评估方法

通过考虑各类房屋建筑不同破坏等级的破坏比、损失比和房屋重置单价的影响,将地震建筑物直接经济损失表示为结构易损性、社会财富和损失比的函数,同时考虑分类评价的影响(Sun et al.,2018),具体见式(6-2)。

$$BL = \sum_{s=1}^{5}\sum_{i=6}^{10}\sum_{j=1}^{5} P_s[D_j \mid I] \times A_s \times R_{sj} \times C_s \tag{6-2}$$

式中：s 为结构类型，共 5 种结构类型；I 为地震烈度；j 为破坏等级；$P_s[D_j|I]$为结构破坏比；R_{sj} 为 s 类结构在 j 破坏等级时的损失比；C_s 为 s 类结构的重置单价；A_s 为房屋工面积。

建筑物重置单价采用竣工房屋重置单价表示，即房屋建筑竣工价值与房屋建筑竣工面积之比，具体见式(6－3)。

$$C_s = \frac{V_s}{A_s} \tag{6-3}$$

式中：C_s 为房屋重置单价；V_s 为房屋竣工价值；A_s 为房屋竣工面积。

根据《地震现场工作　第 4 部分：灾害直接损失评估》(GB/T 18208.4—2011)中定义，重置费用是指基于当地当前价格，重建与震前同样规模和标准的房屋与其他工程结构、设施、设备、物品等物项所需费用。重置单价可以表示为重置费用和建筑面积的商。目前，我国获取重置单价的方法主要是通过当地政府或建设部门上报各类建筑结构重置单价，然后由评估小组进行核查，调整后采用。这就需要其他部门的大力配合，很难获取到高效准确的数据信息。本次评估建筑物重置单价采用市场调研和建筑设计院相关数据确定。

损失比是指房屋或工程结构某一破坏等级的修复单价与重置单价之比。《地震现场工作　第 4 部分：灾害直接损失评估》(GB/T 18208.4—2011)中按照钢筋混凝土和砌体房屋、工业厂房、城镇平房和农村房屋 3 种类型给出了 5 种破坏等级的损失比范围。

第四节　评估结果

一、建筑物直接经济损失评估结果

在上述研究方法的基础上，基于湖北省建筑物、房屋重置单价等基础数据和地震危险性结果，计算得到了湖北省各县(市、区)在 4 个概率水平地震作用下的建筑物直接经济损失及其空间分布情况(表 6－2～表 6－5)。湖北省地震灾害建筑物直接经济损失分布如图 6－3～图 6－6 所示。

基于 ArcGIS 软件平台，绘制得到了湖北省各县(市、区)在 4 个概率水平下的建筑物直接经济损失空间分布图，以公里网格展示湖北省各县(市、区)在 4 个概率水平地震作用下的建筑物直接经济损失值和风险等级。

表 6-2　湖北省各县(市、区)在 50 年超越概率 63%水平地震作用下建筑物直接经济损失和风险等级

序号	县(市、区)	经济损失/万元	经济损失风险等级
1	江汉区	0	5
2	东西湖区	0	5
3	汉南区	0	5
4	江岸区	0	5
5	硚口区	0	5
6	汉阳区	0	5
7	武昌区	0	5
8	青山区	0	5
9	洪山区	0	5
10	蔡甸区	0	5
11	江夏区	0	5
12	黄陂区	0	5
13	新洲区	0	5
14	东湖生态旅游风景区	0	5
15	武汉东湖新技术开发区	0	5
16	黄石港区	0	5
17	西塞山区	0	5
18	下陆区	0	5
19	秭归县	0	5
20	长阳县	0	5
21	五峰县	0	5
22	宜昌高新技术产业开发区	0	5
23	宜都市	0	5
24	当阳市	0	5
25	枝江市	0	5
26	襄城区	0	5
27	樊城区	0	5
28	襄州区	0	5
29	南漳县	0	5
30	谷城县	0	5

续表 6-2

序号	县(市、区)	经济损失/万元	经济损失风险等级
31	铁山区	0	5
32	阳新县	0	5
33	黄石经济技术开发区	0	5
34	大冶市	0	5
35	茅箭区	0	5
36	张湾区	0	5
37	郧阳区	0	5
38	郧西县	0	5
39	竹山县	0	5
40	竹溪县	0	5
41	房县	0	5
42	丹江口市	0	5
43	西陵区	0	5
44	伍家岗区	0	5
45	点军区	0	5
46	猇亭区	0	5
47	夷陵区	0	5
48	远安县	0	5
49	兴山县	0	5
50	保康县	0	5
51	襄阳高新技术产业开发区	0	5
52	老河口市	0	5
53	枣阳市	0	5
54	宜城市	0	5
55	梁子湖区	0	5
56	华容区	0	5
57	鄂城区	0	5
58	东宝区	0	5
59	掇刀区	0	5
60	沙洋县	0	5
61	钟祥市	0	5

续表 6-2

序号	县(市、区)	经济损失/万元	经济损失风险等级
62	京山市	0	5
63	孝南区	0	5
64	孝昌县	0	5
65	大悟县	0	5
66	云梦县	0	5
67	应城市	0	5
68	安陆市	0	5
69	汉川市	0	5
70	沙市区	0	5
71	荆州区	0	5
72	公安县	0	5
73	江陵县	0	5
74	石首市	0	5
75	洪湖市	0	5
76	松滋市	0	5
77	监利市	0	5
78	黄州区	0	5
79	团风县	0	5
80	红安县	0	5
81	罗田县	0	5
82	英山县	0	5
83	浠水县	0	5
84	蕲春县	0	5
85	黄梅县	0	5
86	麻城市	0	5
87	武穴市	0	5
88	咸安区	0	5
89	嘉鱼县	0	5
90	通城县	0	5
91	崇阳县	0	5
92	通山县	0	5

续表 6-2

序号	县(市、区)	经济损失/万元	经济损失风险等级
93	赤壁市	0	5
94	曾都区	0	5
95	随县	0	5
96	广水市	0	5
97	恩施州	0	5
98	利川市	0	5
99	建始县	0	5
100	巴东县	0	5
101	宣恩县	0	5
102	咸丰县	0	5
103	来凤县	0	5
104	鹤峰县	0	5
105	仙桃市	0	5
106	潜江市	0	5
107	天门市	0	5
108	神农架林区	0	5

注:经济损失风险等级1、2、3、4、5对应风险等级为高风险、中高风险、中风险、中低风险、低风险。

表 6-3 湖北省各县(市、区)在50年超越概率10%水平地震作用下建筑物直接经济损失和风险等级

序号	县(市、区)	经济损失/万元	经济损失风险等级
1	江汉区	529 269.956 2	5
2	东西湖区	985 878.890 7	5
3	汉南区	518 667.975 0	5
4	江岸区	871 099.447 8	5
5	硚口区	589 310.188 8	5
6	汉阳区	810 593.730 3	5
7	武昌区	975 997.040 9	5
8	青山区	438 769.214 2	5
9	洪山区	1 669 691.605 0	3
10	蔡甸区	420 636.800 0	5

续表 6－3

序号	县(市、区)	经济损失/万元	经济损失风险等级
11	江夏区	730 027.712 4	5
12	黄陂区	1 046 681.751 0	5
13	新洲区	859 618.363 0	5
14	东湖生态旅游风景区	111 826.727 4	5
15	武汉东湖新技术开发区	1 086 934.295 0	5
16	黄石港区	247 237.835 6	5
17	西塞山区	138 800.949 6	5
18	下陆区	232 825.461 1	5
19	秭归县	211 386.992 4	5
20	长阳县	225 116.163 5	5
21	五峰县	106 070.308 8	5
22	宜昌高新技术产业开发区	209 746.292 5	5
23	宜都市	390 403.005 8	5
24	当阳市	237 230.322 9	5
25	枝江市	334 809.963 7	5
26	襄城区	392 877.867 0	5
27	樊城区	589 591.876 7	4
28	襄州区	686 690.024 6	5
29	南漳县	383 298.731 4	5
30	谷城县	382 034.968 6	5
31	铁山区	39 734.783 37	5
32	阳新县	621 704.886 0	4
33	黄石经济技术开发区	213 302.220 4	5
34	大冶市	760 543.916 4	5
35	茅箭区	557 476.192 3	5
36	张湾区	382 804.312 2	5
37	郧阳区	298 703.244 1	4
38	郧西县	228 115.370 4	4
39	竹山县	321 294.130 3	3
40	竹溪县	247 728.232 4	3
41	房县	362 903.165 7	3

续表 6－3

序号	县(市、区)	经济损失/万元	经济损失风险等级
42	丹江口市	301 120.656 7	5
43	西陵区	310 928.226 0	5
44	伍家岗区	401 091.804 7	5
45	点军区	101 737.790 2	5
46	猇亭区	88 994.400 48	5
47	夷陵区	374 530.443 9	5
48	远安县	150 937.248 8	5
49	兴山县	94 653.145 8	5
50	保康县	172 485.262 4	5
51	襄阳高新技术产业开发区	483 782.049 1	5
52	老河口市	423 368.910 8	5
53	枣阳市	549 066.702 8	5
54	宜城市	316 269.179 4	5
55	梁子湖区	105 132.035 5	5
56	华容区	483 049.201 1	5
57	鄂城区	867 596.868 4	5
58	东宝区	438 492.343 1	5
59	掇刀区	407 304.070 5	5
60	沙洋县	308 648.370 4	5
61	钟祥市	715 022.621 6	5
62	京山市	417 467.359 9	5
63	孝南区	882 972.201 5	4
64	孝昌县	285 377.831 6	4
65	大悟县	170 964.055 3	5
66	云梦县	380 442.600 7	4
67	应城市	357 682.503 4	5
68	安陆市	306 803.025 2	5
69	汉川市	669 280.455 1	5
70	沙市区	668 386.518 7	4
71	荆州区	451 204.724 5	5
72	公安县	557 812.584 1	4

续表 6-3

序号	县(市、区)	经济损失/万元	经济损失风险等级
73	江陵县	219 778.256 5	4
74	石首市	286 252.031 9	5
75	洪湖市	502 028.832 4	4
76	松滋市	412 210.002 1	5
77	监利市	636 022.268 3	4
78	黄州区	485 212.653 0	4
79	团风县	237 989.353 1	4
80	红安县	476 157.559 0	4
81	罗田县	372 322.209 9	4
82	英山县	298 803.725 9	4
83	浠水县	640 350.731 2	4
84	蕲春县	659 755.668 6	4
85	黄梅县	707 389.979 3	3
86	麻城市	913 721.815 7	4
87	武穴市	643 833.983 3	4
88	咸安区	614 223.628 2	4
89	嘉鱼县	228 670.101 7	5
90	通城县	269 273.373 3	4
91	崇阳县	337 051.567 4	4
92	通山县	277 715.694 3	4
93	赤壁市	335 946.198 2	5
94	曾都区	506 812.480 0	5
95	随县	408 056.032 7	4
96	广水市	317 298.541 3	5
97	恩施州	672 889.210 4	4
98	利川市	578 343.456 3	3
99	建始县	297 529.581 8	4
100	巴东县	302 163.950 9	4
101	宣恩县	149 991.536 5	4
102	咸丰县	233 243.977 2	4
103	来凤县	69 307.413 8	5

续表 6-3

序号	县(市、区)	经济损失/万元	经济损失风险等级
104	鹤峰县	0	5
105	仙桃市	940 288.671 1	5
106	潜江市	599 172.987 9	5
107	天门市	965 119.238 0	5
108	神农架林区	57 762.812 6	4

注:经济损失风险等级 1、2、3、4、5 对应风险等级为高风险、中高风险、中风险、中低风险、低风险。

表 6-4　湖北省各县(市、区)在 50 年超越概率 2%水平地震作用下建筑物直接经济损失和风险等级

序号	县(市、区)	经济损失/万元	经济损失风险等级
1	江汉区	598 289.307 3	5
2	东西湖区	1 119 152.361 0	5
3	汉南区	593 259.916 2	5
4	江岸区	989 411.807 7	5
5	硚口区	662 156.121 5	5
6	汉阳区	927 258.978 1	5
7	武昌区	1 099 721.500 0	5
8	青山区	502 128.935 1	5
9	洪山区	1 865 699.667 0	3
10	蔡甸区	464 187.984 0	5
11	江夏区	871 052.117 0	5
12	黄陂区	1 181 617.550 0	5
13	新洲区	1 043 937.421 0	5
14	东湖生态旅游风景区	129 921.353 1	5
15	武汉东湖新技术开发区	1 225 805.953 0	4
16	黄石港区	281 671.707 3	5
17	西塞山区	144 210.935 1	5
18	下陆区	236 516.537 7	5
19	秭归县	337 830.502 7	4

续表 6-4

序号	县(市、区)	经济损失/万元	经济损失风险等级
20	长阳县	336 600.745 8	4
21	五峰县	175 019.803 6	4
22	宜昌高新技术产业开发区	224 796.991 2	5
23	宜都市	464 557.543 2	5
24	当阳市	304 773.070 8	5
25	枝江市	415 894.960 7	5
26	襄城区	474 040.843 7	5
27	樊城区	683 564.280 5	4
28	襄州区	823 503.076 3	5
29	南漳县	518 139.309 5	4
30	谷城县	468 844.920 4	5
31	铁山区	44 128.360 82	5
32	阳新县	792 351.156 9	3
33	黄石经济技术开发区	240 368.161 9	5
34	大冶市	946 152.811 2	4
35	茅箭区	643 221.958 4	4
36	张湾区	452 326.548 5	5
37	郧阳区	381 394.502 5	4
38	郧西县	336 701.004 5	3
39	竹山县	520 755.407 2	2
40	竹溪县	403 200.448 1	2
41	房县	577 399.855 4	2
42	丹江口市	411 370.792 1	5
43	西陵区	339 183.913 6	5
44	伍家岗区	421 643.189 6	5
45	点军区	110 259.753 2	4
46	猇亭区	102 874.191 0	5
47	夷陵区	411 203.727 1	5
48	远安县	222 337.868 9	5

续表 6-4

序号	县(市、区)	经济损失/万元	经济损失风险等级
49	兴山县	137 410.898 1	5
50	保康县	249 960.200 6	4
51	襄阳高新技术产业开发区	568 267.776 0	5
52	老河口市	468 778.392 7	5
53	枣阳市	771 698.136 9	5
54	宜城市	391 020.917 5	5
55	梁子湖区	127 505.656 2	5
56	华容区	536 288.551 8	5
57	鄂城区	963 601.556 1	4
58	东宝区	518 454.014 5	5
59	掇刀区	473 245.034 5	4
60	沙洋县	404 218.664 7	5
61	钟祥市	908 454.386 9	4
62	京山市	524 217.036 0	5
63	孝南区	1 029 853.235 0	4
64	孝昌县	356 030.860 9	3
65	大悟县	361 233.008 3	4
66	云梦县	475 796.511 7	4
67	应城市	448 298.725 5	5
68	安陆市	405 874.878 4	4
69	汉川市	823 256.540 0	5
70	沙市区	765 675.240 8	4
71	荆州区	536 548.138 1	4
72	公安县	594 268.511 8	4
73	江陵县	281 507.405 4	4
74	石首市	366 113.061 3	4
75	洪湖市	586 550.262 0	4
76	松滋市	532 400.261 7	4
77	监利市	842 236.728 5	3
78	黄州区	533 411.855 8	4

续表 6-4

序号	县(市、区)	经济损失/万元	经济损失风险等级
79	团风县	332 322.330 3	3
80	红安县	539 934.843 7	3
81	罗田县	546 111.874 4	3
82	英山县	480 070.360 3	3
83	浠水县	832 505.299 6	3
84	蕲春县	788 006.107 4	3
85	黄梅县	846 948.464 2	3
86	麻城市	1 346 256.740 0	3
87	武穴市	788 890.158 2	4
88	咸安区	744 797.578 3	4
89	嘉鱼县	272 798.017 0	5
90	通城县	333 521.543 9	4
91	崇阳县	464 116.632 4	3
92	通山县	366 424.229 7	3
93	赤壁市	415 869.643 0	5
94	曾都区	627 439.043 1	5
95	随县	537 083.533 7	4
96	广水市	484 924.196 4	5
97	恩施州	952 921.173 6	3
98	利川市	812 430.947 2	3
99	建始县	507 225.765 6	3
100	巴东县	469 256.411 6	3
101	宣恩县	288 246.562 8	3
102	咸丰县	386 397.070 6	3
103	来凤县	197 819.439 0	4
104	鹤峰县	120 695.227 6	4
105	仙桃市	1 126 241.637 0	5
106	潜江市	737 798.096 5	5
107	天门市	1 156 167.514 0	4
108	神农架林区	79 547.638 0	4

注:经济损失风险等级 1、2、3、4、5 对应风险等级为高风险、中高风险、中风险、中低风险、低风险。

表6-5　湖北省各县(市、区)在100年超越概率1%水平地震作用下建筑物直接经济损失和风险等级

序号	县(市、区)	经济损失/万元	经济损失风险等级
1	江汉区	598 289.307 3	5
2	东西湖区	1 123 780.975 0	5
3	汉南区	614 246.720 5	5
4	江岸区	989 411.807 7	5
5	硚口区	666 729.845 6	5
6	汉阳区	950 592.404 7	5
7	武昌区	1 105 886.190 0	5
8	青山区	544 381.641 5	5
9	洪山区	1 876 584.764 0	3
10	蔡甸区	546 786.607 9	5
11	江夏区	915 650.193 3	5
12	黄陂区	1 316 671.672 0	5
13	新洲区	1 402 200.593 0	5
14	东湖生态旅游风景区	130 929.083	5
15	武汉东湖新技术开发区	1 480 512.404 0	4
16	黄石港区	281 671.707 3	5
17	西塞山区	162 143.910 6	5
18	下陆区	265 259.931 7	5
19	秭归县	447 010.625 3	3
20	长阳县	396 887.335 7	4
21	五峰县	230 149.341 8	3
22	宜昌高新技术产业开发区	244 410.573 4	5
23	宜都市	480 971.386 5	5
24	当阳市	401 935.962 5	5
25	枝江市	417 530.468 5	5
26	襄城区	478 804.568 3	5
27	樊城区	683 608.731 9	4

续表 6-5

序号	县(市、区)	经济损失/万元	经济损失风险等级
28	襄州区	1 034 180.942 0	4
29	南漳县	578 836.769 7	4
30	谷城县	693 849.882 9	4
31	铁山区	46 326.4547 9	5
32	阳新县	994 001.938 7	3
33	黄石经济技术开发区	291 506.665 8	4
34	大冶市	1 095 173.443 0	4
35	茅箭区	672 494.853 9	4
36	张湾区	471 204.682 2	5
37	郧阳区	431 509.000 0	3
38	郧西县	358 139.877 8	3
39	竹山县	812 383.213 8	2
40	竹溪县	657 390.787 0	1
41	房县	638 833.403 5	2
42	丹江口市	578 908.489 0	4
43	西陵区	355 200.835 4	5
44	伍家岗区	451 767.869 6	5
45	点军区	123 756.764 8	4
46	猇亭区	102 874.191 0	5
47	夷陵区	484 584.427 5	5
48	远安县	316 421.856 6	4
49	兴山县	203 260.627 2	4
50	保康县	350 468.962 8	3
51	襄阳高新技术产业开发区	643 390.874 0	5
52	老河口市	691 441.286 8	4
53	枣阳市	803 453.384 9	5
54	宜城市	437 226.656 8	5
55	梁子湖区	172 091.069 9	4
56	华容区	796 273.033 6	4

续表 6－5

序号	县(市、区)	经济损失/万元	经济损失风险等级
57	鄂城区	1 173 310.704 0	4
58	东宝区	632 100.225 1	4
59	掇刀区	672 103.659 3	4
60	沙洋县	595 571.077 8	4
61	钟祥市	1 282 849.052 0	4
62	京山市	644 155.100 5	4
63	孝南区	1 068 220.987 0	4
64	孝昌县	462 721.060 7	3
65	大悟县	508 301.218 8	3
66	云梦县	510 977.062 0	4
67	应城市	651 206.340 5	4
68	安陆市	440 463.413 8	4
69	汉川市	959 628.752 5	5
70	沙市区	1 116 608.815 0	3
71	荆州区	724 300.120 1	4
72	公安县	943 080.945 3	3
73	江陵县	330 160.148 6	3
74	石首市	386 833.053 2	4
75	洪湖市	877 327.218 7	3
76	松滋市	556 827.885 8	4
77	监利市	900 696.049 8	3
78	黄州区	777 930.103 6	3
79	团风县	457 561.424 4	3
80	红安县	650 522.909 8	3
81	罗田县	844 837.983 4	2
82	英山县	703 805.193 4	2
83	浠水县	1 017 918.345 0	3
84	蕲春县	894 756.620 1	3
85	黄梅县	1 341 210.862 0	2

续表 6－5

序号	县(市、区)	经济损失/万元	经济损失风险等级
86	麻城市	1 712 640.229 0	2
87	武穴市	1 103 309.566 0	3
88	咸安区	1 114 959.789 0	3
89	嘉鱼县	280 454.945 6	5
90	通城县	387 570.655 2	4
91	崇阳县	571 804.691 8	3
92	通山县	465 522.424 6	3
93	赤壁市	430 884.653 0	5
94	曾都区	710 749.941 7	5
95	随县	742 502.500 2	3
96	广水市	660 796.530 7	4
97	恩施州	1 373 158.27 9	3
98	利川市	1 106 940.415 0	2
99	建始县	731 827.637 0	2
100	巴东县	670 059.567 6	2
101	宣恩县	369 000.948 3	2
102	咸丰县	548 560.275 4	2
103	来凤县	250 379.288 8	3
104	鹤峰县	122 535.563 3	4
105	仙桃市	1 645 470.427 0	4
106	潜江市	856 598.911 9	5
107	天门市	1 597 760.018 0	4
108	神农架林区	102 890.282 9	3

注:经济损失风险等级 1、2、3、4、5 对应风险等级为高风险、中高风险、中风险、中低风险、低风险。

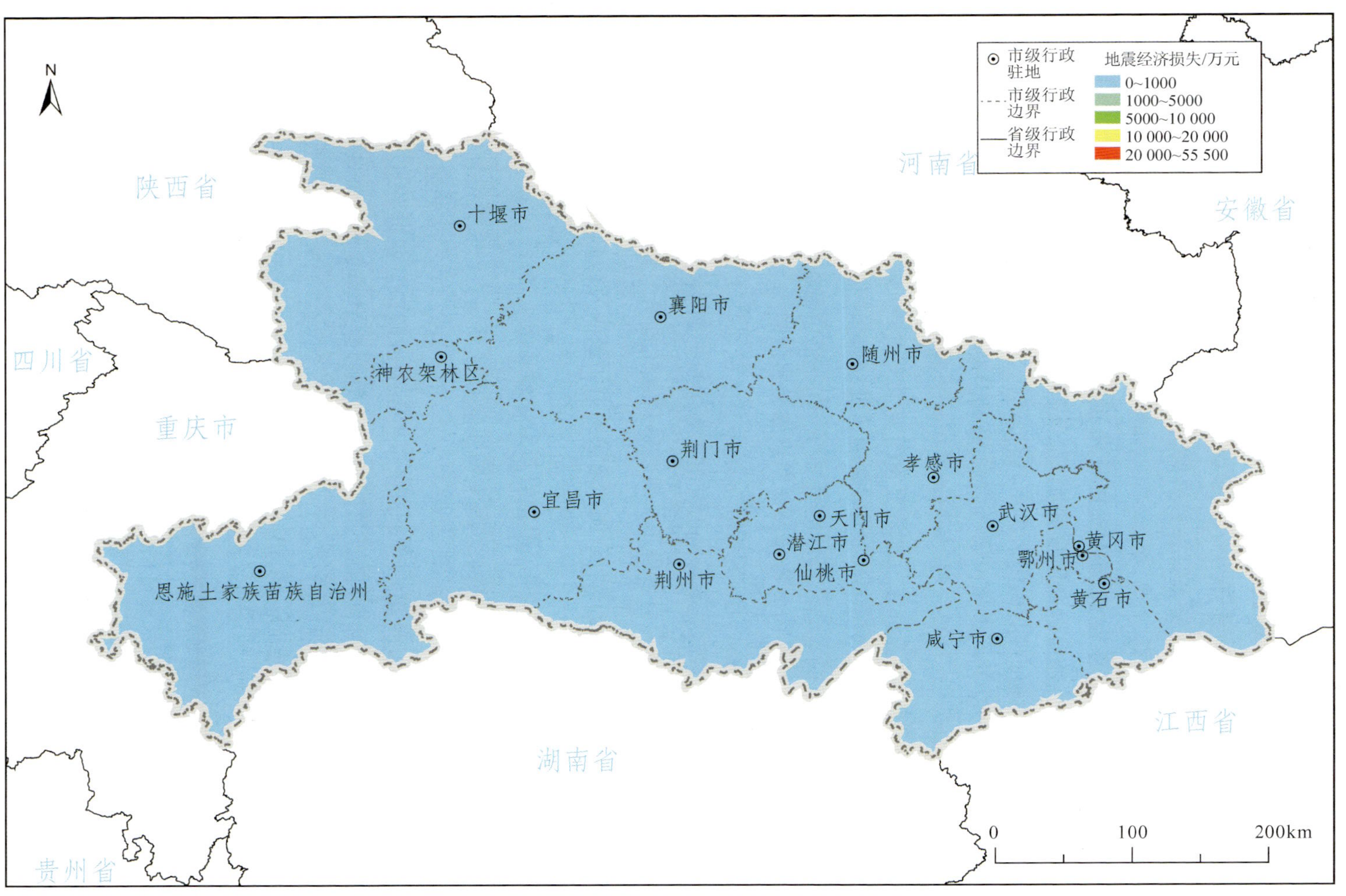

图6－3　湖北省地震灾害建筑物直接经济损失分布图（50年超越概率63%）

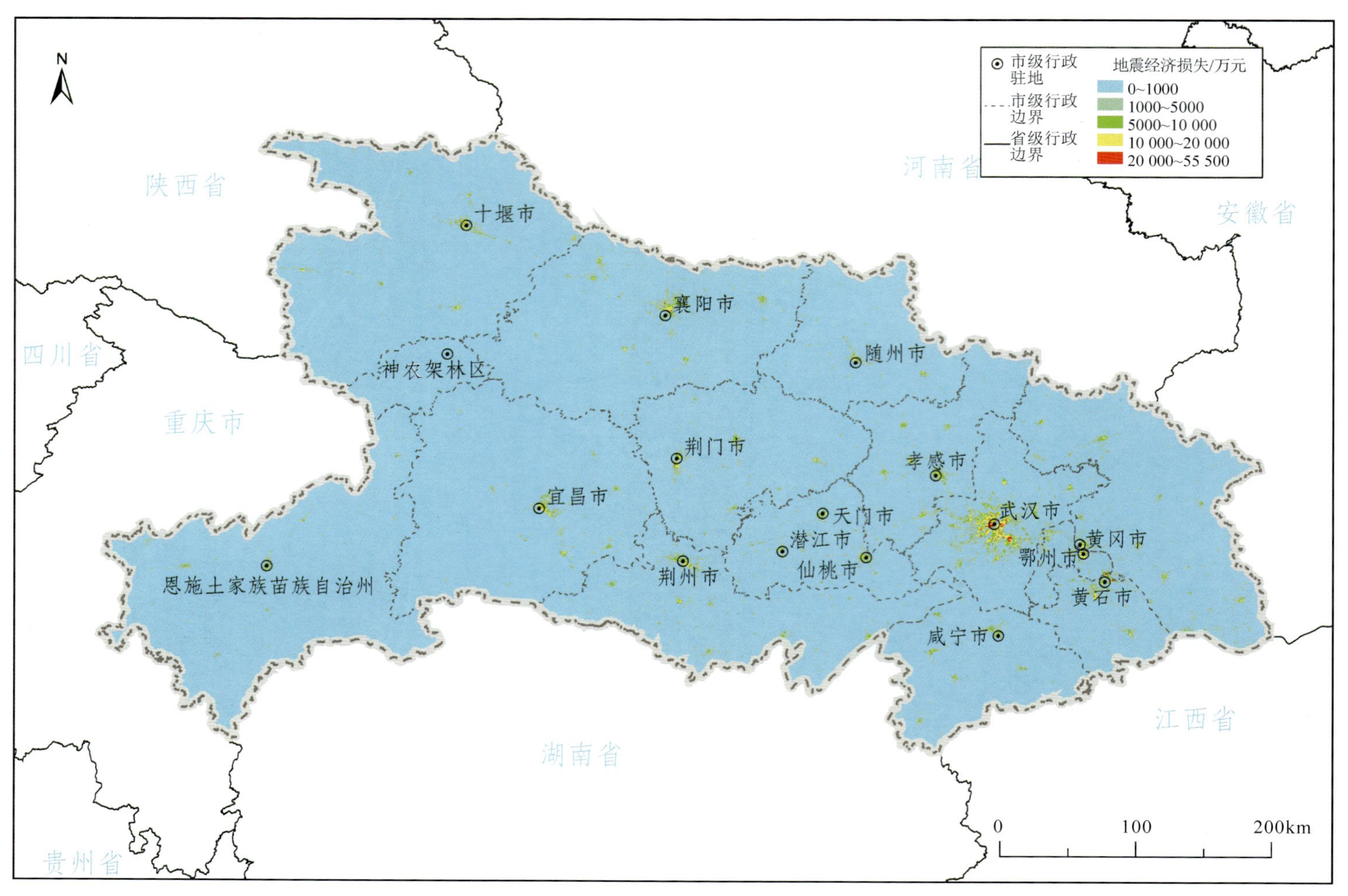

图6-4 湖北省地震灾害建筑物直接经济损失分布图(50年超越概率10%)

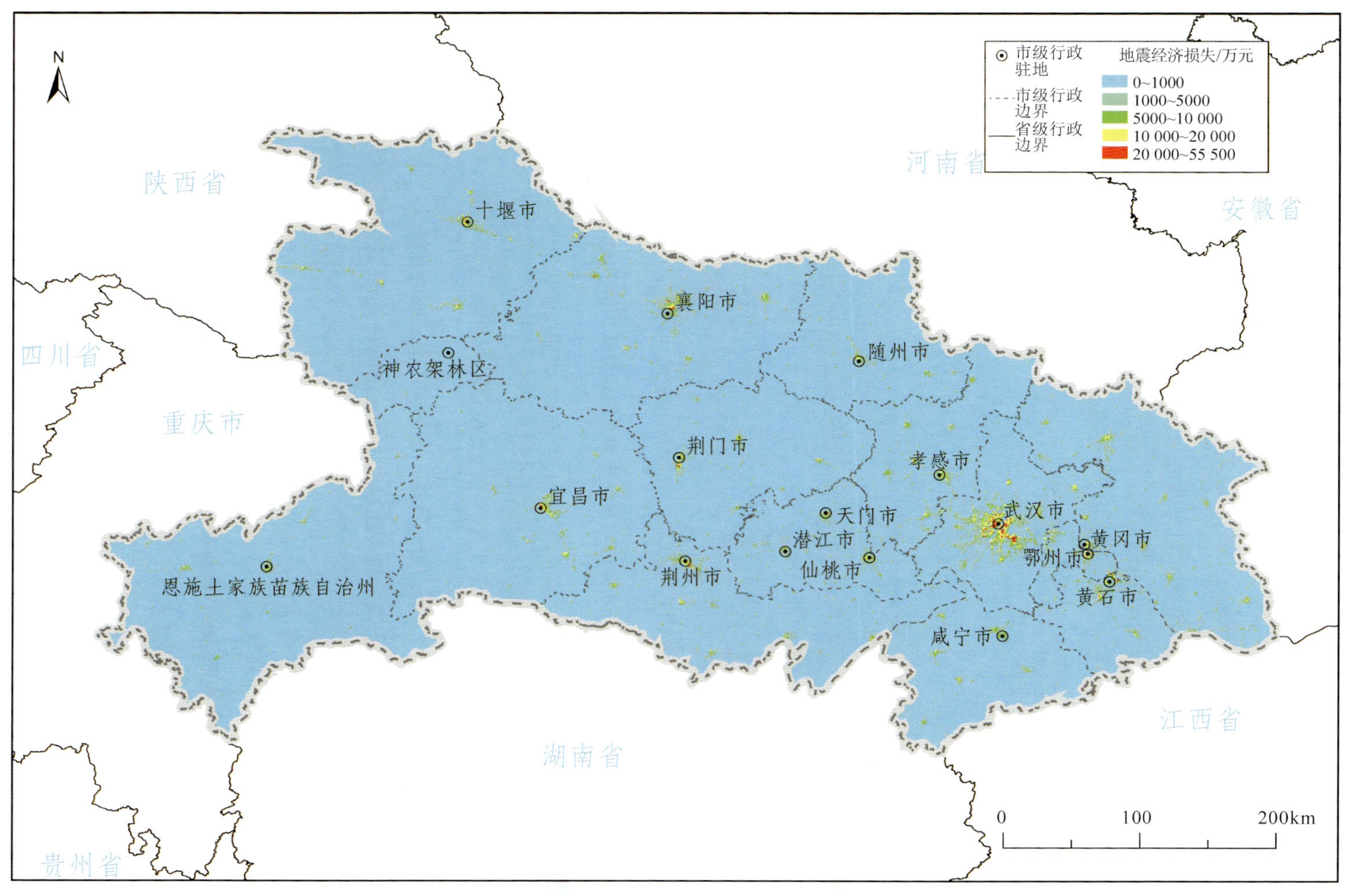

图6－5　湖北省地震灾害建筑物直接经济损失分布图(50年超越概率2％)

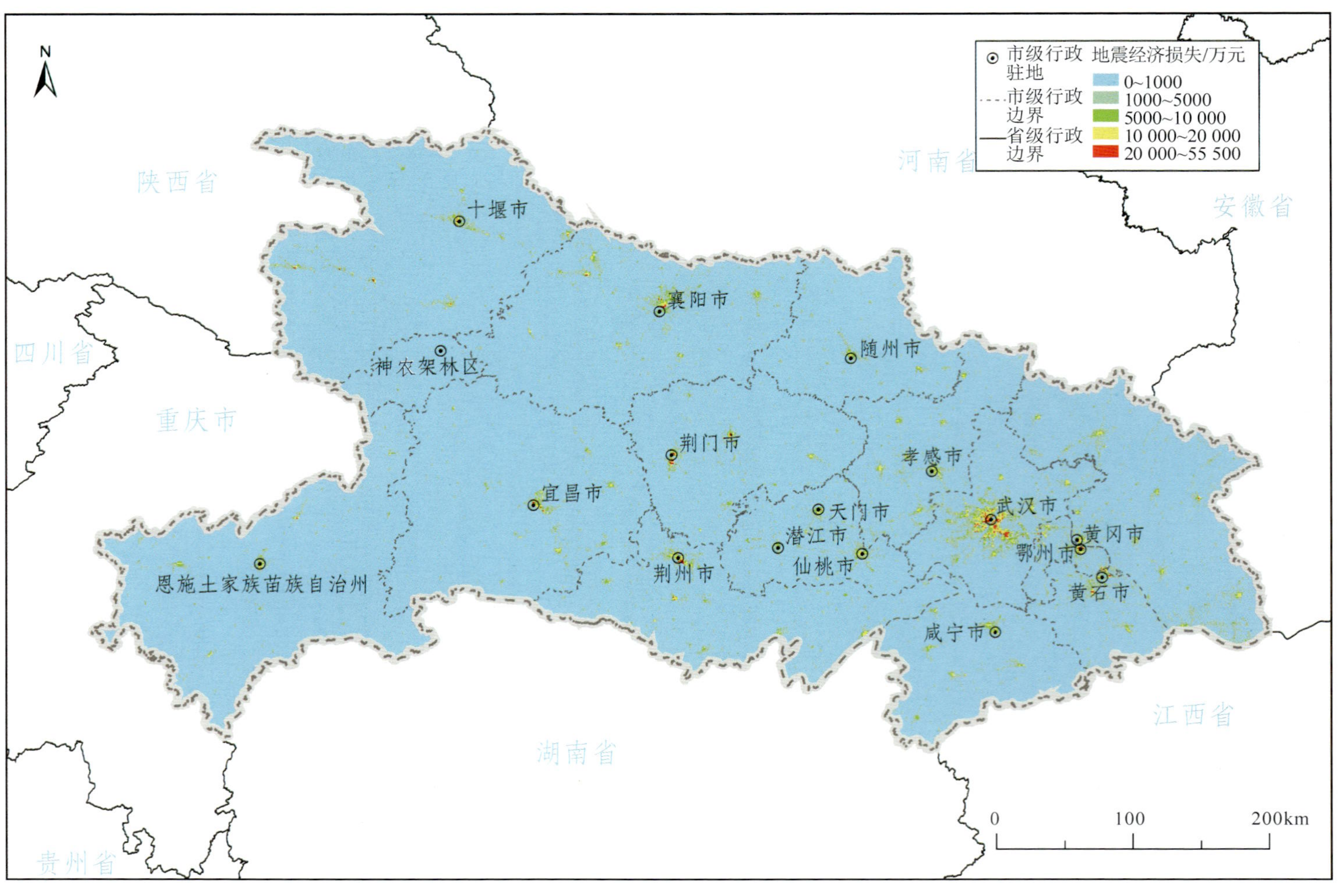

图6-6 湖北省地震灾害建筑物经济损失分布图(100年超越概率1%)

湖北省各县(市、区)在4个超越概率水平地震作用下建筑物直接经济损失风险等级统计结果如表6-6～表6-9所示。湖北省地震灾害建筑物直接经济损失的风险分级图如图6-7～图6-10所示。由表6-6可知,湖北省各县(市、区)在遭遇50年超越概率63%的地震作用下,其建筑物直接经济损失风险等级全部为5级。由表6-7可知,湖北省各县(市、区)在遭遇50年超越概率10%的地震作用下,其建筑物直接经济损失风险等级无1级和2级,建筑物直接经济损失风险等级为3级的县(市、区)有6个,建筑物直接经济损失风险等级为4级的县(市、区)有32个,建筑物直接经济损失风险等级为5级的县(市、区)有71个。

表6-6 湖北省各县(市、区)在50年超越概率63%水平地震作用下建筑物直接经济损失风险等级统计

风险等级	1级	2级	3级	4级	5级
县(市、区)个数	0	0	0	0	108

表6-7 湖北省各县(市、区)在50年超越概率10%水平地震作用下建筑物直接经济损失风险等级统计

风险等级	1级	2级	3级	4级	5级
县(市、区)个数	0	0	6	32	71

表6-8 湖北省各县(市、区)在50年超越概率2%水平地震作用下建筑物直接经济损失风险等级统计

风险等级	1级	2级	3级	4级	5级
县(市、区)个数	0	3	21	34	50

表6-9 湖北省各县(市、区)在100年超越概率1%水平地震作用下建筑物直接经济损失风险等级统计

风险等级	1级	2级	3级	4级	5级
县(市、区)个数	1	11	27	34	35

由表6-8可知,湖北省各县(市、区)在遭遇50年超越概率2%的地震作用下,其建筑物直接经济损失风险等级无1级的县(市、区),风险等级为2级的县(市、区)有3个,风险等级为3级的县(市、区)有21个,风险等级为4级的县(市、区)有34个,风险等级为5级的县(市、区)有50个。

由表6-9可知,湖北省各县(市、区)在遭遇100年超越概率1%的地震作用下,其建筑物直接经济损失风险等级为1级的县(市、区)有1个,风险等级为2级的县(市、区)有11个,风险等级为3级的县(市、区)有27个,风险等级为4级的县(市、区)有34个,风险等级为5级的县(市、区)有35个。

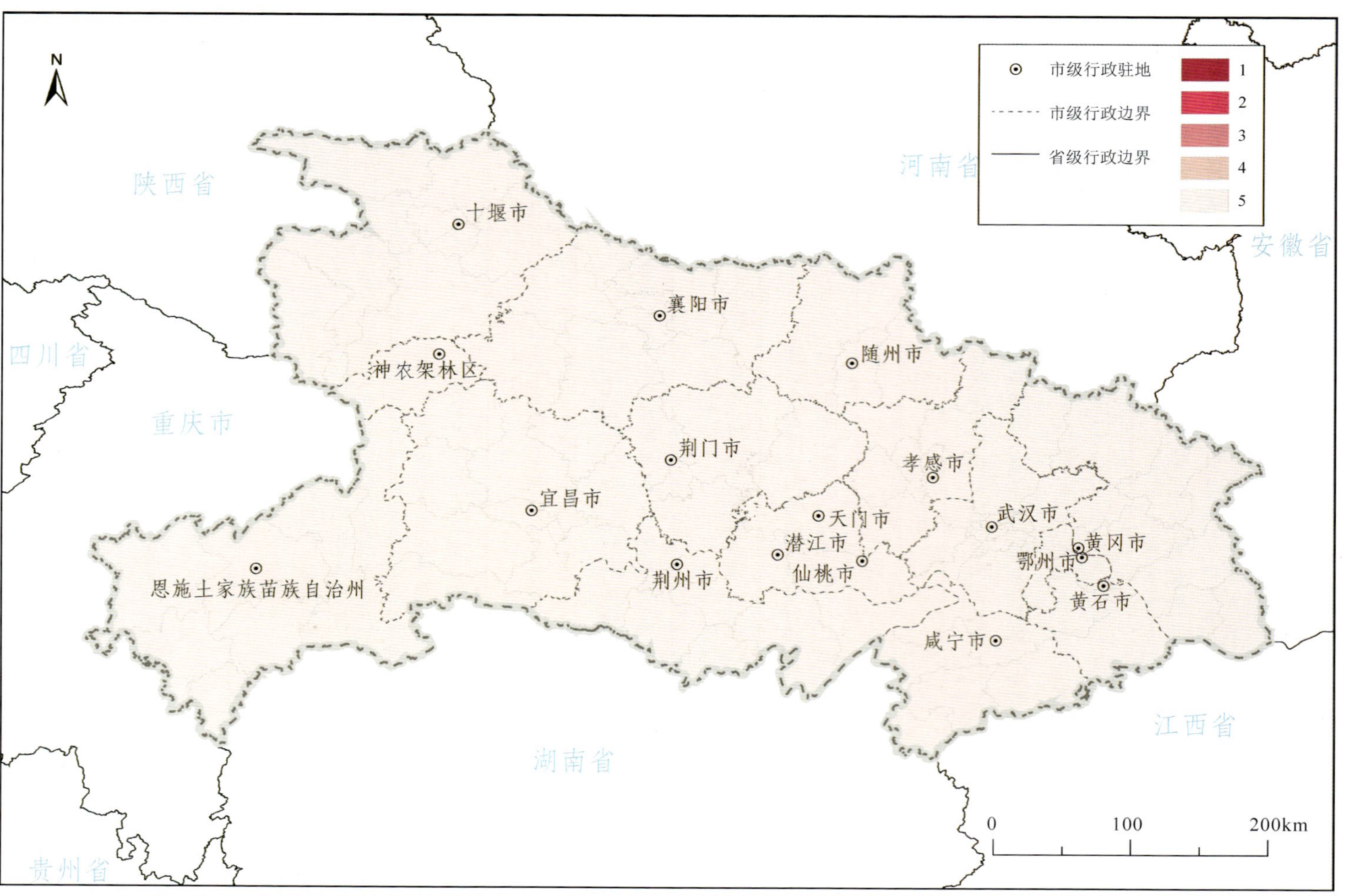

图 6-7 湖北省地震灾害建筑物直接经济损失的风险分级图(50 年超越概率 63%)

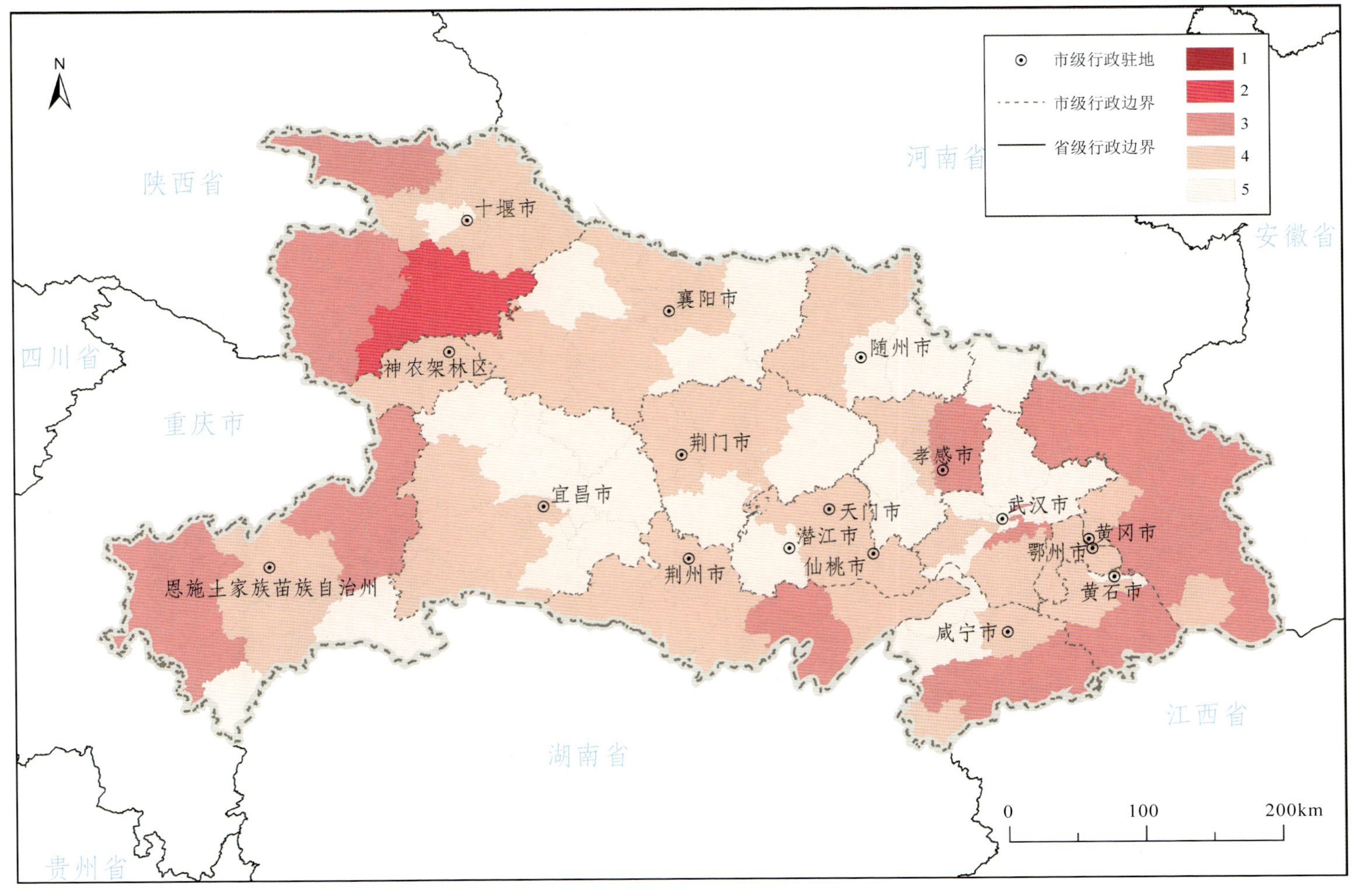

图 6-8　湖北省地震灾害建筑物直接经济损失风险分级图（50 年超越概率 10%）

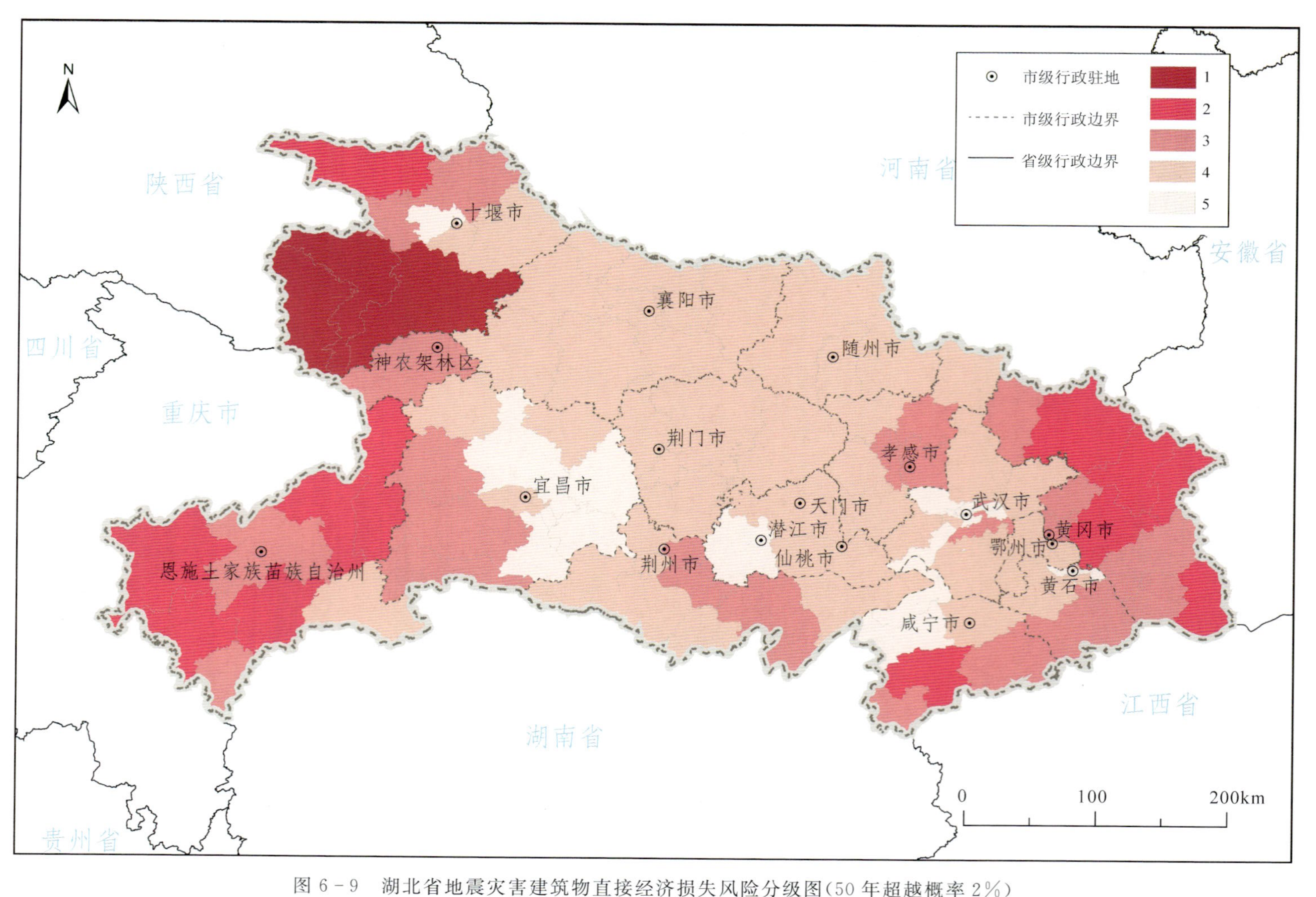

图 6-9 湖北省地震灾害建筑物直接经济损失风险分级图(50 年超越概率 2%)

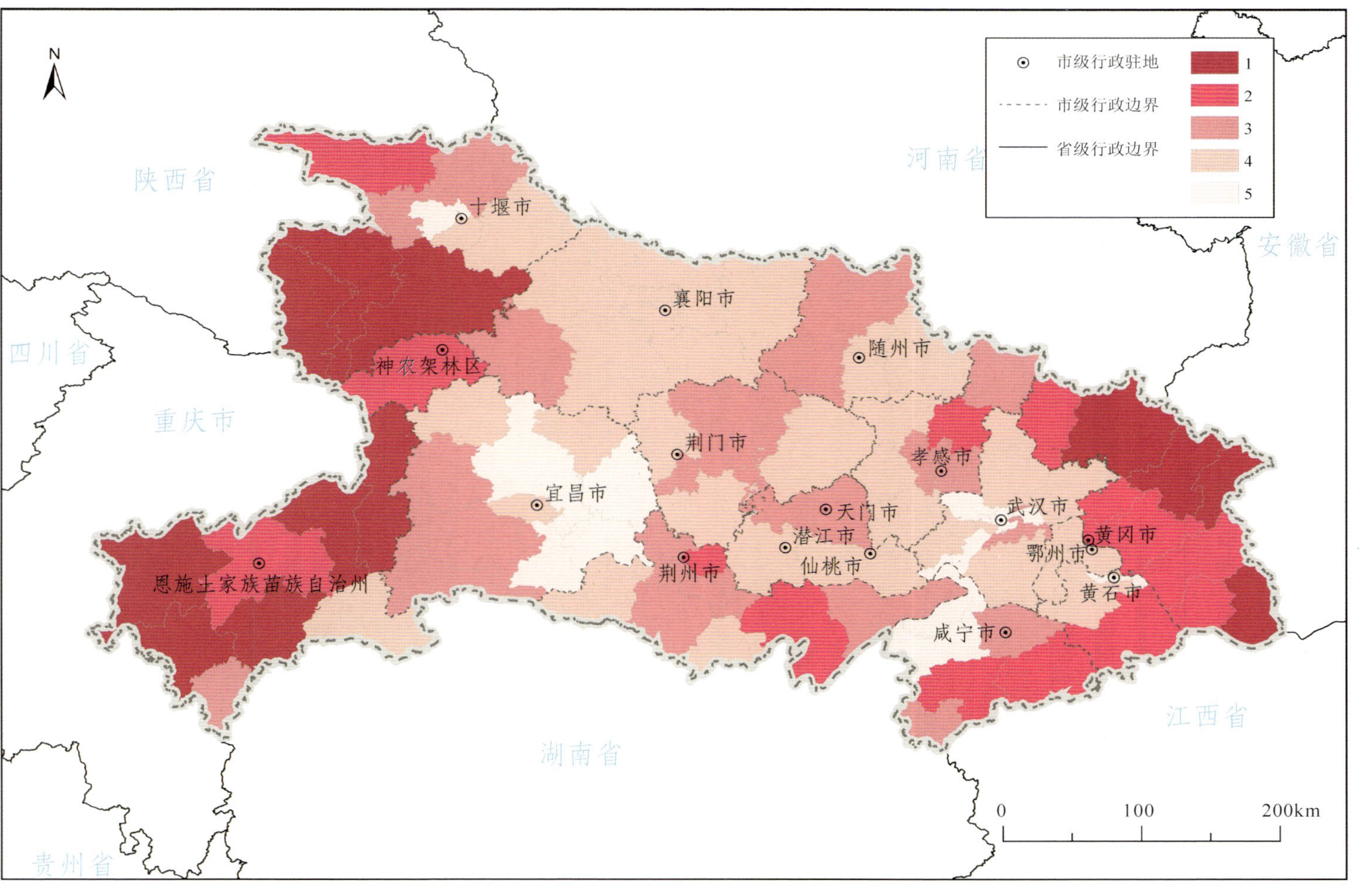

图 6－10　湖北省地震灾害建筑物直接经济损失风险分级图(100 年超越概率 1%)

上述建筑物直接经济损失风险评估可以用于以下方面：

(1)辅助决策。政府部门、企事业单位和个人可以利用评估结果，对建筑物的抗灾减灾能力进行科学判断，做出合理的投资决策，提高建筑物的抗灾减灾水平。

(2)优化资源配置。政府部门可以利用评估结果，对不同地区的抗灾减灾需求进行综合分析，优化资源配置，提高抗灾减灾效益。

(3)制定应急预案。政府部门和企事业单位可以利用评估结果，制定科学的应急预案，提高应急响应能力，减少灾害损失。

(4)开展保险业务。保险公司可以利用评估结果，对建筑物风险进行科学评估，合理确定保险费率，提高保险业务的盈利能力。

二、人员死亡评估结果

基于湖北省建筑物、人口等基础数据和地震危险性结果，计算得到了湖北省各县(市、区)在4个概率水平地震作用下的人员死亡及其空间分布情况。同时，依据《地震灾害风险评估技术及数据规范》中人员死亡地震灾害风险等级分级指标，以县(市、区)为单位，将湖北省各县(市、区)在上述4个概率水平地震作用下造成的人员死亡数量进行分级评价，其风险等级见表6－10～表6－13。湖北省地震灾害人员死亡分布图如图6－11～图6－14所示。

表6－10　湖北省各县(市、区)在50年超越概率63%水平地震作用下人员死亡和风险等级

序号	县(市、区)	人员死亡数量/人	风险等级
1	江汉区	0	5
2	东西湖区	0	5
3	汉南区	0	5
4	江岸区	0	5
5	硚口区	0	5
6	汉阳区	0	5
7	武昌区	0	5
8	青山区	0	5
9	洪山区	0	5
10	蔡甸区	0	5
11	江夏区	0	5
12	黄陂区	0	5
13	新洲区	0	5
14	东湖生态旅游风景区	0	5

续表 6 - 10

序号	县(市、区)	人员死亡数量/人	风险等级
15	武汉东湖新技术开发区	0	5
16	黄石港区	0	5
17	西塞山区	0	5
18	下陆区	0	5
19	秭归县	0	5
20	长阳县	0	5
21	五峰县	0	5
22	宜昌高新技术产业开发区	0	5
23	宜都市	0	5
24	当阳市	0	5
25	枝江市	0	5
26	襄城区	0	5
27	樊城区	0	5
28	襄州区	0	5
29	南漳县	0	5
30	谷城县	0	5
31	铁山区	0	5
32	阳新县	0	5
33	黄石经济技术开发区	0	5
34	大冶市	0	5
35	茅箭区	0	5
36	张湾区	0	5
37	郧阳区	0	5
38	郧西县	0	5
39	竹山县	0	5
40	竹溪县	0	5
41	房县	0	5
42	丹江口市	0	5
43	西陵区	0	5
44	伍家岗区	0	5
45	点军区	0	5

续表 6－10

序号	县(市、区)	人员死亡数量/人	风险等级
46	猇亭区	0	5
47	夷陵区	0	5
48	远安县	0	5
49	兴山县	0	5
50	保康县	0	5
51	襄阳高新技术产业开发区	0	5
52	老河口市	0	5
53	枣阳市	0	5
54	宜城市	0	5
55	梁子湖区	0	5
56	华容区	0	5
57	鄂城区	0	5
58	东宝区	0	5
59	掇刀区	0	5
60	沙洋县	0	5
61	钟祥市	0	5
62	京山市	0	5
63	孝南区	0	5
64	孝昌县	0	5
65	大悟县	0	5
66	云梦县	0	5
67	应城市	0	5
68	安陆市	0	5
69	汉川市	0	5
70	沙市区	0	5
71	荆州区	0	5
72	公安县	0	5
73	江陵县	0	5
74	石首市	0	5
75	洪湖市	0	5
76	松滋市	0	5

续表 6-10

序号	县(市、区)	人员死亡数量/人	风险等级
77	监利市	0	5
78	黄州区	0	5
79	团风县	0	5
80	红安县	0	5
81	罗田县	0	5
82	英山县	0	5
83	浠水县	0	5
84	蕲春县	0	5
85	黄梅县	0	5
86	麻城市	0	5
87	武穴市	0	5
88	咸安区	0	5
89	嘉鱼县	0	5
90	通城县	0	5
91	崇阳县	0	5
92	通山县	0	5
93	赤壁市	0	5
94	曾都区	0	5
95	随县	0	5
96	广水市	0	5
97	恩施州	0	5
98	利川市	0	5
99	建始县	0	5
100	巴东县	0	5
101	宣恩县	0	5
102	咸丰县	0	5
103	来凤县	0	5
104	鹤峰县	0	5
105	仙桃市	0	5

续表 6－10

序号	县(市、区)	人员死亡数量/人	风险等级
106	潜江市	0	5
107	天门市	0	5
108	神农架林区	0	5

注：人员死亡风险等级 1、2、3、4、5 对应风险等级为高风险、中高风险、中风险、中低风险、低风险。

表 6－11　湖北省各县(市、区)在 50 年超越概率 10%水平地震作用下人员死亡和风险等级

序号	县(市、区)	人员死亡数量/人	风险等级
1	江汉区	0	5
2	东西湖区	1	5
3	汉南区	1	5
4	江岸区	1	5
5	硚口区	0	5
6	汉阳区	1	5
7	武昌区	1	5
8	青山区	1	5
9	洪山区	1	5
10	蔡甸区	4	5
11	江夏区	6	5
12	黄陂区	12	4
13	新洲区	27	4
14	东湖生态旅游风景区	0	5
15	武汉东湖新技术开发区	1	5
16	黄石港区	0	5
17	西塞山区	0	5
18	下陆区	0	5
19	秭归县	24	4
20	长阳县	21	4
21	五峰县	9	5
22	宜昌高新技术产业开发区	1	5
23	宜都市	3	5

续表 6-11

序号	县(市、区)	人员死亡数量/人	风险等级
24	当阳市	5	5
25	枝江市	4	5
26	襄城区	3	5
27	樊城区	2	5
28	襄州区	20	4
29	南漳县	25	4
30	谷城县	13	4
31	铁山区	0	5
32	阳新县	14	4
33	黄石经济技术开发区	2	5
34	大冶市	6	5
35	茅箭区	1	5
36	张湾区	1	5
37	郧阳区	12	4
38	郧西县	23	4
39	竹山县	99	3
40	竹溪县	57	3
41	房县	52	3
42	丹江口市	10	4
43	西陵区	1	5
44	伍家岗区	0	5
45	点军区	1	5
46	猇亭区	0	5
47	夷陵区	4	5
48	远安县	9	5
49	兴山县	13	4
50	保康县	12	4
51	襄阳高新技术产业开发区	1	5
52	老河口市	16	4
53	枣阳市	20	4
54	宜城市	6	5

续表 6-11

序号	县(市、区)	人员死亡数量/人	风险等级
55	梁子湖区	2	5
56	华容区	4	5
57	鄂城区	3	5
58	东宝区	2	5
59	掇刀区	1	5
60	沙洋县	22	4
61	钟祥市	39	4
62	京山市	14	4
63	孝南区	7	5
64	孝昌县	8	5
65	大悟县	11	4
66	云梦县	5	5
67	应城市	5	5
68	安陆市	5	5
69	汉川市	12	4
70	沙市区	1	5
71	荆州区	8	5
72	公安县	63	3
73	江陵县	9	5
74	石首市	8	5
75	洪湖市	30	4
76	松滋市	14	4
77	监利市	25	4
78	黄州区	5	5
79	团风县	11	4
80	红安县	12	4
81	罗田县	16	4
82	英山县	16	4
83	浠水县	14	4
84	蕲春县	17	4
85	黄梅县	35	4

续表 6-11

序号	县(市、区)	人员死亡数量/人	风险等级
86	麻城市	62	3
87	武穴市	12	4
88	咸安区	5	5
89	嘉鱼县	4	5
90	通城县	7	5
91	崇阳县	15	4
92	通山县	14	4
93	赤壁市	5	5
94	曾都区	5	5
95	随县	31	4
96	广水市	11	4
97	恩施州	27	4
98	利川市	36	4
99	建始县	18	4
100	巴东县	37	4
101	宣恩县	13	4
102	咸丰县	24	4
103	来凤县	5	5
104	鹤峰县	0	5
105	仙桃市	17	4
106	潜江市	10	5
107	天门市	33	4
108	神农架林区	1	5

注：人员死亡风险等级 1、2、3、4、5 对应风险等级为高风险、中高风险、中风险、中低风险、低风险。

表 6-12　湖北省各县(市、区)在 50 年超越概率 2%水平地震作用下人员死亡和风险等级

序号	县(市、区)	人员死亡数量/人	风险等级
1	江汉区	2	5
2	东西湖区	3	5
3	汉南区	4	5
4	江岸区	4	5

续表 6－12

序号	县(市、区)	人员死亡数量/人	风险等级
5	硚口区	2	5
6	汉阳区	2	5
7	武昌区	4	5
8	青山区	3	5
9	洪山区	2	5
10	蔡甸区	10	4
11	江夏区	28	4
12	黄陂区	29	4
13	新洲区	58	3
14	东湖生态旅游风景区	1	5
15	武汉东湖新技术开发区	4	5
16	黄石港区	1	5
17	西塞山区	1	5
18	下陆区	0	5
19	秭归县	109	3
20	长阳县	84	3
21	五峰县	27	4
22	宜昌高新技术产业开发区	2	5
23	宜都市	11	4
24	当阳市	22	4
25	枝江市	19	4
26	襄城区	14	4
27	樊城区	8	5
28	襄州区	49	4
29	南漳县	91	3
30	谷城县	37	4
31	铁山区	0	5
32	阳新县	29	4
33	黄石经济技术开发区	4	5
34	大冶市	18	4
35	茅箭区	4	5

续表 6－12

序号	县(市、区)	人员死亡数量/人	风险等级
36	张湾区	7	5
37	郧阳区	45	4
38	郧西县	97	3
39	竹山县	244	2
40	竹溪县	153	2
41	房县	139	3
42	丹江口市	47	4
43	西陵区	3	5
44	伍家岗区	1	5
45	点军区	3	5
46	猇亭区	1	5
47	夷陵区	11	4
48	远安县	41	4
49	兴山县	42	4
50	保康县	52	3
51	襄阳高新技术产业开发区	5	5
52	老河口市	26	4
53	枣阳市	90	3
54	宜城市	22	4
55	梁子湖区	7	5
56	华容区	5	5
57	鄂城区	8	5
58	东宝区	9	5
59	掇刀区	4	5
60	沙洋县	62	3
61	钟祥市	99	3
62	京山市	41	4
63	孝南区	23	4
64	孝昌县	18	4
65	大悟县	19	4
66	云梦县	21	4

续表 6-12

序号	县(市、区)	人员死亡数量/人	风险等级
67	应城市	21	4
68	安陆市	21	4
69	汉川市	41	4
70	沙市区	4	5
71	荆州区	21	4
72	公安县	82	3
73	江陵县	27	4
74	石首市	35	4
75	洪湖市	64	3
76	松滋市	58	3
77	监利市	114	3
78	黄州区	8	5
79	团风县	33	4
80	红安县	28	4
81	罗田县	80	3
82	英山县	79	3
83	浠水县	62	3
84	蕲春县	51	3
85	黄梅县	72	3
86	麻城市	197	2
87	武穴市	38	4
88	咸安区	20	4
89	嘉鱼县	11	4
90	通城县	21	4
91	崇阳县	60	3
92	通山县	43	4
93	赤壁市	23	4
94	曾都区	15	4
95	随县	73	3
96	广水市	20	4
97	恩施州	112	3

续表 6-12

序号	县(市、区)	人员死亡数量/人	风险等级
98	利川市	139	3
99	建始县	79	3
100	巴东县	105	3
101	宣恩县	50	3
102	咸丰县	128	3
103	来凤县	24	4
104	鹤峰县	9	5
105	仙桃市	55	3
106	潜江市	38	4
107	天门市	79	3
108	神农架林区	5	5

注：人员死亡风险等级 1、2、3、4、5 对应风险等级为高风险、中高风险、中风险、中低风险、低风险。

表 6-13　湖北省各县(市、区)在 100 年超越概率 1%水平地震作用下人员死亡和风险等级

序号	县(市、区)	人员死亡数量/人	风险等级
1	江汉区	2	5
2	东西湖区	3	5
3	汉南区	5	5
4	江岸区	4	5
5	硚口区	2	5
6	汉阳区	3	5
7	武昌区	4	5
8	青山区	5	5
9	洪山区	2	5
10	蔡甸区	21	4
11	江夏区	40	4
12	黄陂区	64	3
13	新洲区	118	3
14	东湖生态旅游风景区	1	5
15	武汉东湖新技术开发区	12	4
16	黄石港区	1	5

续表 6-13

序号	县(市、区)	人员死亡数量/人	风险等级
17	西塞山区	2	5
18	下陆区	1	5
19	秭归县	203	2
20	长阳县	130	3
21	五峰县	51	3
22	宜昌高新技术产业开发区	3	5
23	宜都市	14	4
24	当阳市	42	4
25	枝江市	20	4
26	襄城区	15	4
27	樊城区	8	5
28	襄州区	116	3
29	南漳县	121	3
30	谷城县	97	3
31	铁山区	0	5
32	阳新县	80	3
33	黄石经济技术开发区	14	4
34	大冶市	36	4
35	茅箭区	6	5
36	张湾区	9	5
37	郧阳区	73	3
38	郧西县	112	3
39	竹山县	525	1
40	竹溪县	357	1
41	房县	180	2
42	丹江口市	94	3
43	西陵区	3	5
44	伍家岗区	1	5
45	点军区	4	5
46	猇亭区	1	5
47	夷陵区	23	4

续表 6-13

序号	县(市、区)	人员死亡数量/人	风险等级
48	远安县	73	3
49	兴山县	88	3
50	保康县	98	3
51	襄阳高新技术产业开发区	10	5
52	老河口市	69	3
53	枣阳市	108	3
54	宜城市	33	4
55	梁子湖区	16	4
56	华容区	17	4
57	鄂城区	16	4
58	东宝区	11	4
59	掇刀区	10	4
60	沙洋县	135	3
61	钟祥市	212	2
62	京山市	78	3
63	孝南区	32	4
64	孝昌县	49	4
65	大悟县	76	3
66	云梦县	31	4
67	应城市	58	3
68	安陆市	34	4
69	汉川市	84	3
70	沙市区	12	4
71	荆州区	50	3
72	公安县	234	2
73	江陵县	43	4
74	石首市	48	4
75	洪湖市	169	2
76	松滋市	71	3
77	监利市	148	3
78	黄州区	25	4

续表 6-13

序号	县(市、区)	人员死亡数量/人	风险等级
79	团风县	82	3
80	红安县	57	3
81	罗田县	199	2
82	英山县	166	2
83	浠水县	124	3
84	蕲春县	80	3
85	黄梅县	224	2
86	麻城市	359	1
87	武穴市	94	3
88	咸安区	59	3
89	嘉鱼县	14	4
90	通城县	38	4
91	崇阳县	109	3
92	通山县	88	3
93	赤壁市	28	4
94	曾都区	34	4
95	随县	180	2
96	广水市	79	3
97	恩施州	237	2
98	利川市	287	2
99	建始县	174	2
100	巴东县	214	2
101	宣恩县	100	3
102	咸丰县	223	2
103	来凤县	55	3
104	鹤峰县	10	4
105	仙桃市	157	2
106	潜江市	64	3
107	天门市	196	2
108	神农架林区	10	5

注:人员死亡风险等级 1、2、3、4、5 对应风险等级为高风险、中高风险、中风险、中低风险、低风险。

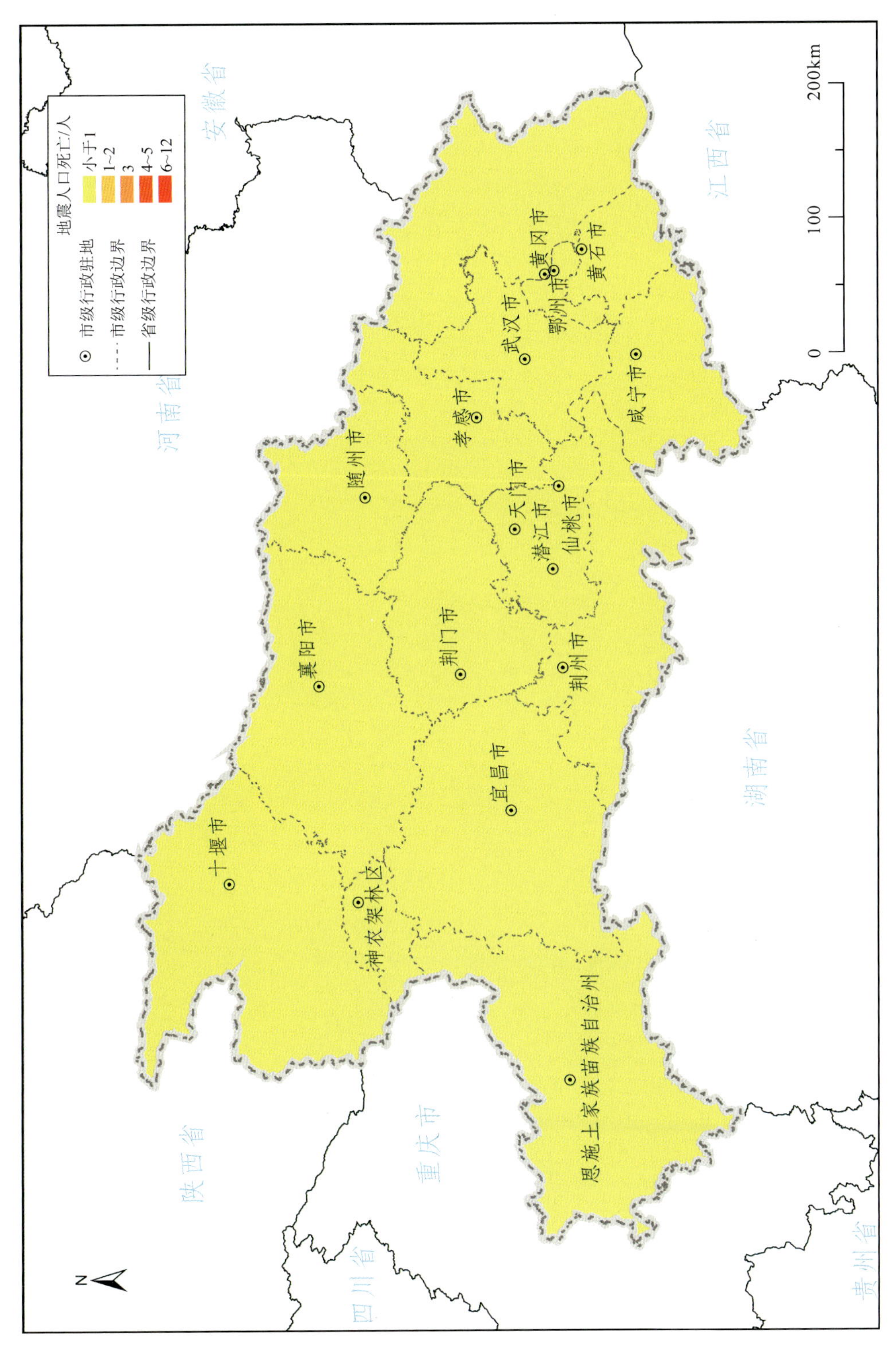

图 6-11　湖北省地震灾害人员死亡分布图(50 年超越概率 63%)

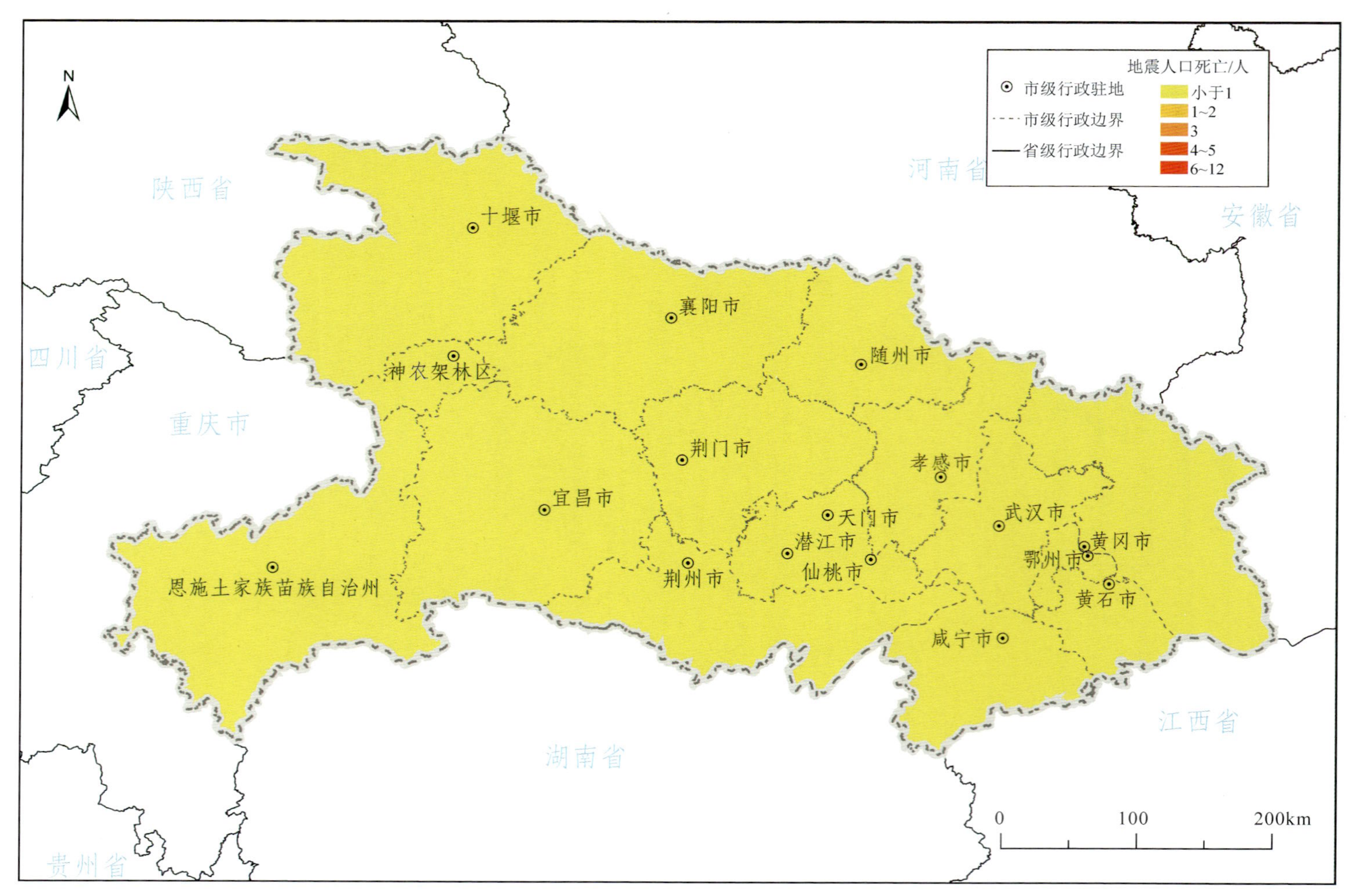

图 6-12 湖北省地震灾害人员死亡分布图(50 年超越概率 10%)

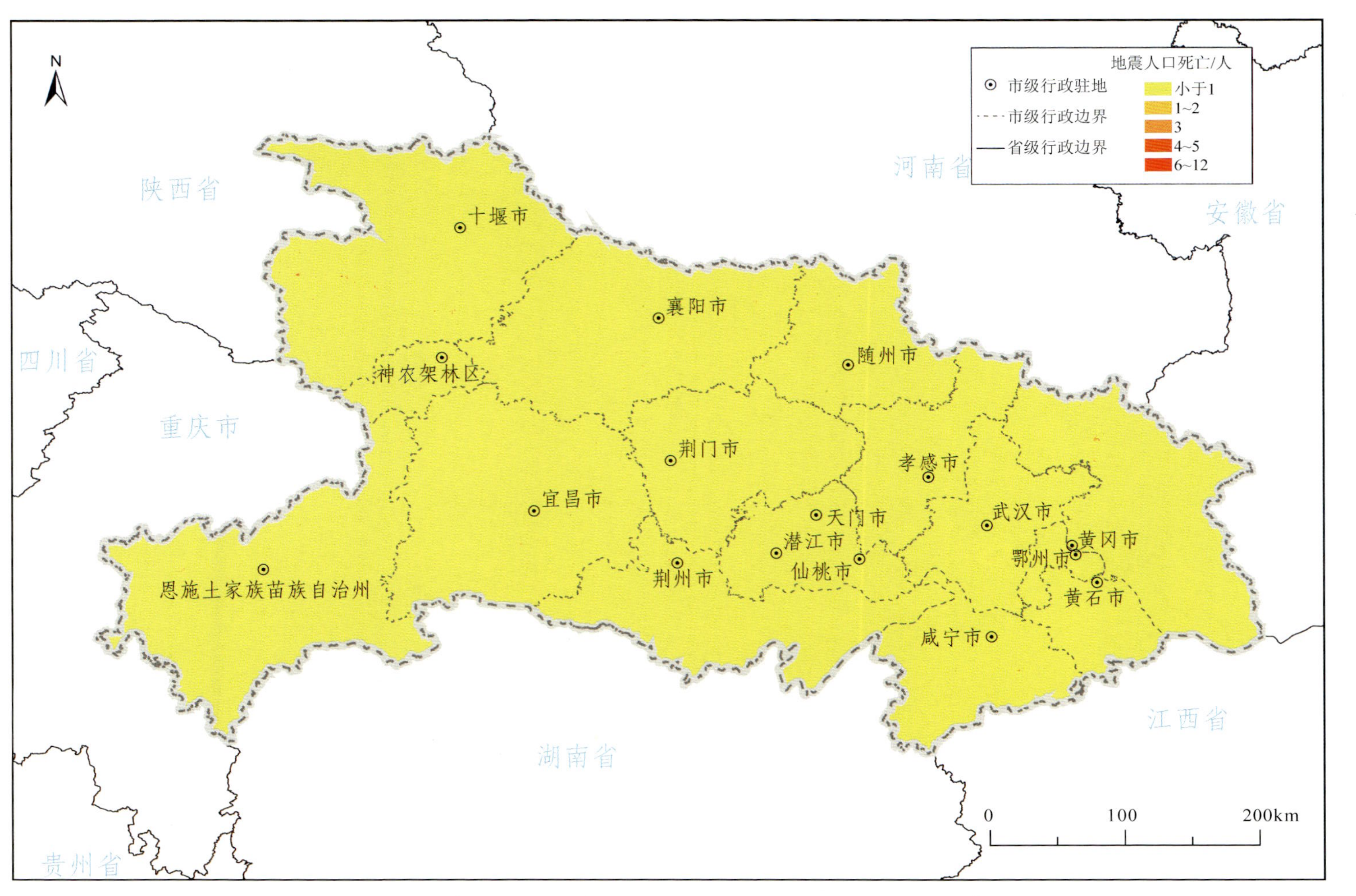

图 6-13 湖北省地震灾害人员死亡风险分布图(50 年超越概率 2%)

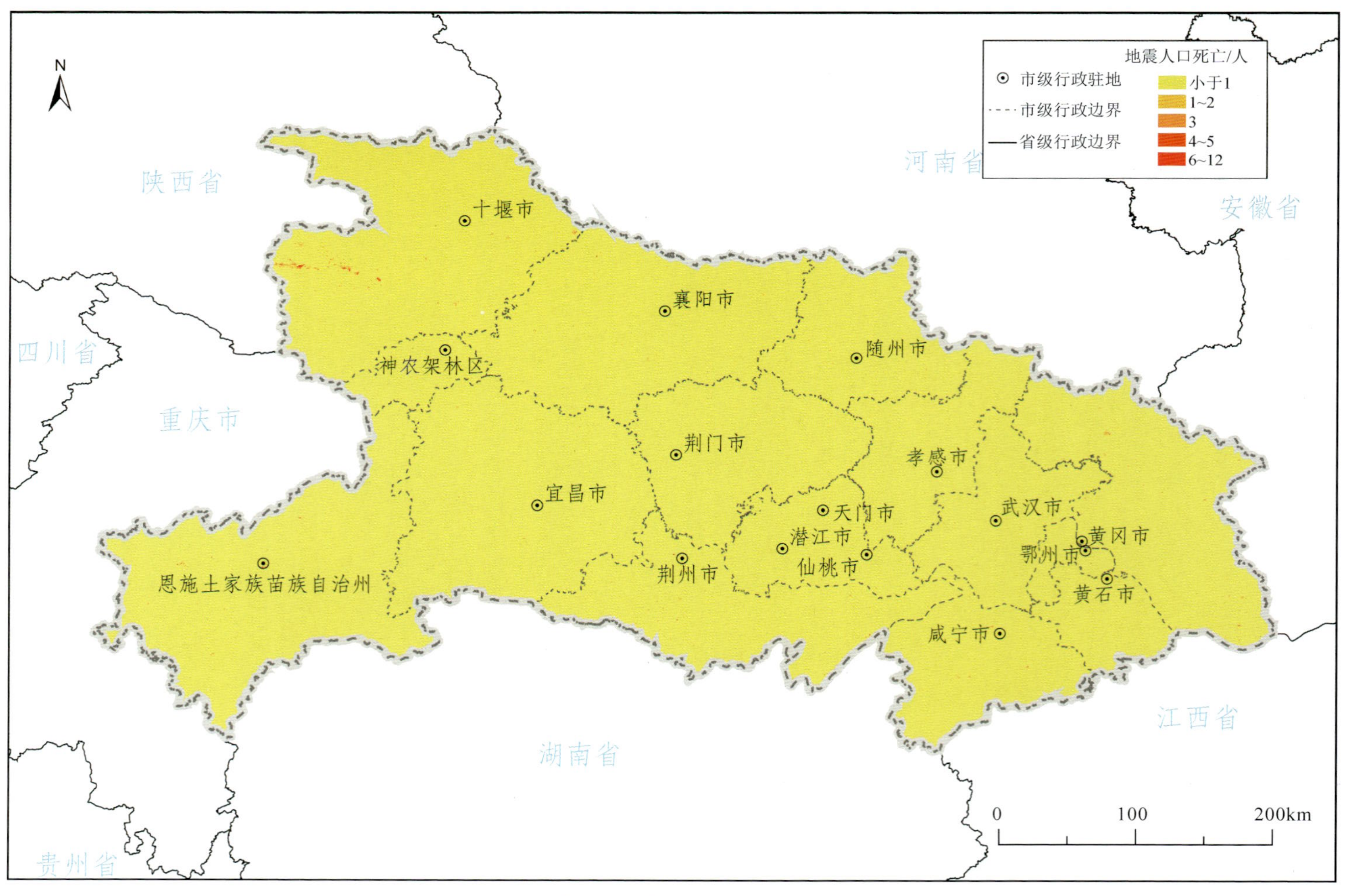

图6-14 湖北省地震灾害人员死亡分布图(100年超越概率1%)

基于 ArcGIS 软件平台，绘制得到了湖北省各县(市、区)在 4 个概率水平下的人员死亡空间分布图，以公里网格展示湖北省各县(市、区)在 4 个概率水准地震作用下的人员死亡数量和风险等级。对各县(市、区)在 4 个概率水平地震作用下人员死亡风险等级进行统计，结果见表 6－14～表 6－17 和图 6－15～图 6－18。

表 6－14 湖北省各县(市、区)在 50 年超越概率 63%水平地震作用下人员死亡风险等级统计

人员死亡风险等级	1 级	2 级	3 级	4 级	5 级
县(市、区)个数	0	0	0	0	108

表 6－15 湖北省各县(市、区)在 50 年超越概率 10%水平地震作用下人员死亡风险等级统计

人员死亡风险等级	1 级	2 级	3 级	4 级	5 级
县(市、区)个数	0	0	5	43	60

表 6－16 湖北省各县(市、区)在 50 年超越概率 2%水平地震作用下人员死亡风险等级统计

人员死亡风险等级	1 级	2 级	3 级	4 级	5 级
县(市、区)个数	0	3	29	42	34

表 6－17 湖北省各县(市、区)在 100 年超越概率 1%水平地震作用下人员死亡风险等级统计

人员死亡风险等级	1 级	2 级	3 级	4 级	5 级
县(市、区)个数	3	16	36	29	24

由表 6－14 和图 6－15 可知，湖北省各县(市、区)在遭遇 50 年超越概率 63%的地震作用下，其人员死亡风险等级全部为 5 级。

由表 6－15 和图 6－16 可知，湖北省各县(市、区)在遭遇 50 年超越概率 10%的地震作用下，其人员死亡风险无等级为 1 级和 2 级的县(市、区)，人员死亡风险等级为 3 级的县(市、区)有 5 个，人员死亡风险等级为 4 级的县(市、区)有 43 个，人员死亡风险等级为 5 级的县(市、区)有 60 个。

由表 6－16 和图 6－17 可知，湖北省各县(市、区)在遭遇 50 年超越概率 2%的地震作用下，其人员死亡风险无等级为 1 级的县(市、区)，人员死亡风险等级为 2 级的县(市、区)有 3 个，人员死亡风险等级为 3 级的县(市、区)有 29 个，人员死亡风险等级为 4 级的县(市、区)有 42 个，人员死亡风险等级为 5 级的县(市、区)有 34 个。

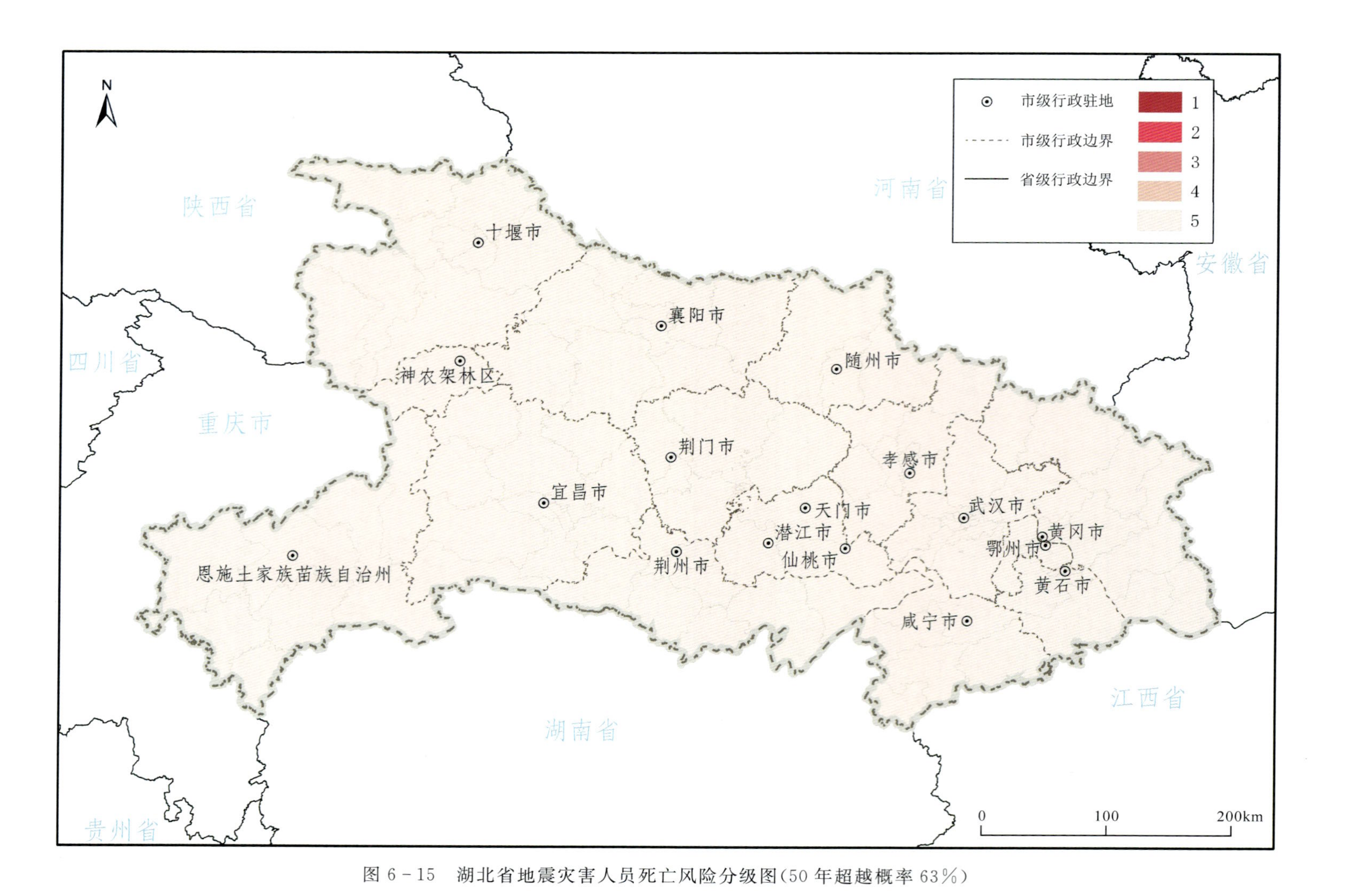

图 6-15　湖北省地震灾害人员死亡风险分级图(50 年超越概率 63%)

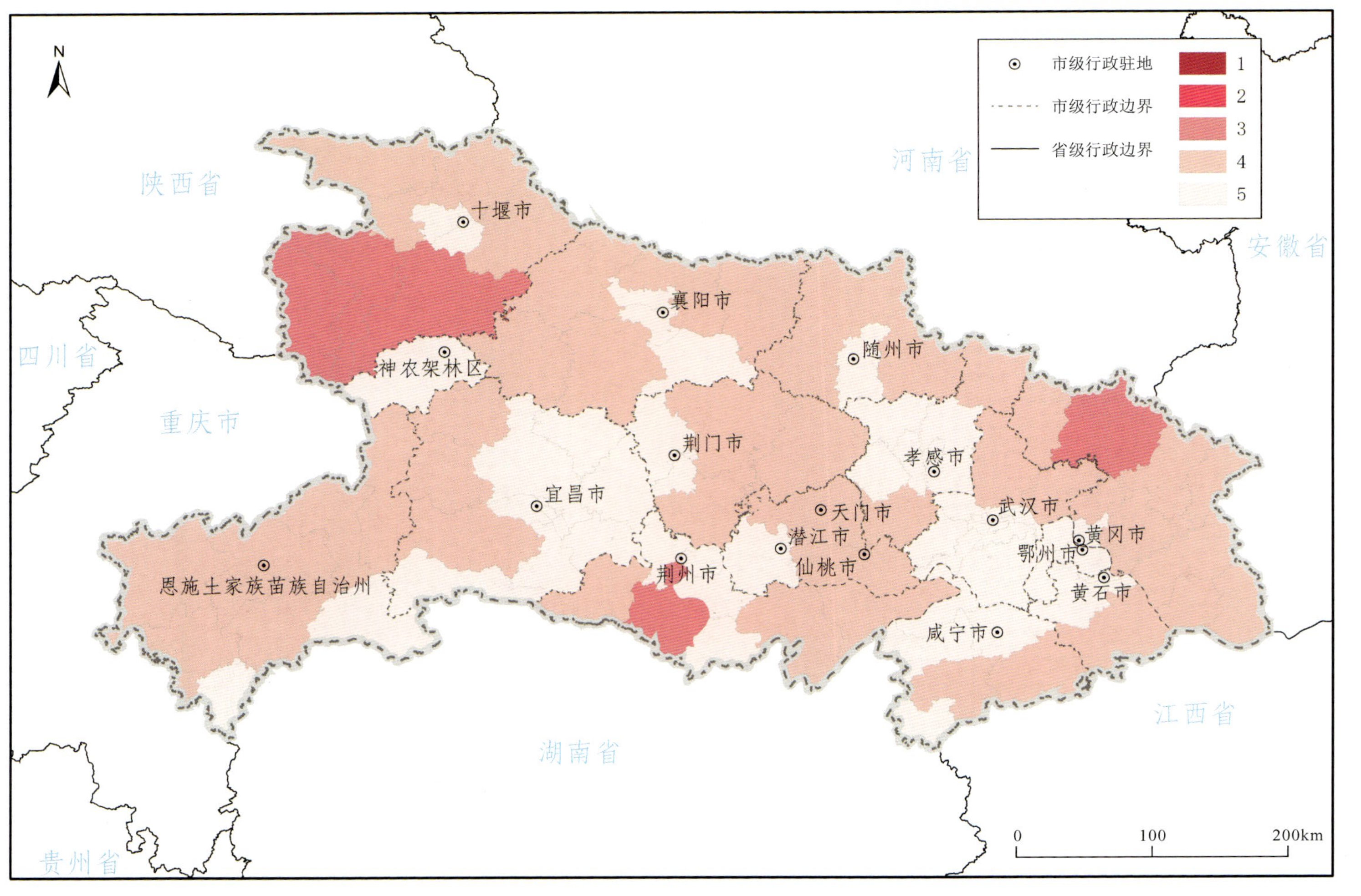

图 6－16　湖北省地震灾害人员死亡风险等级图（50 年超越概率 10％）

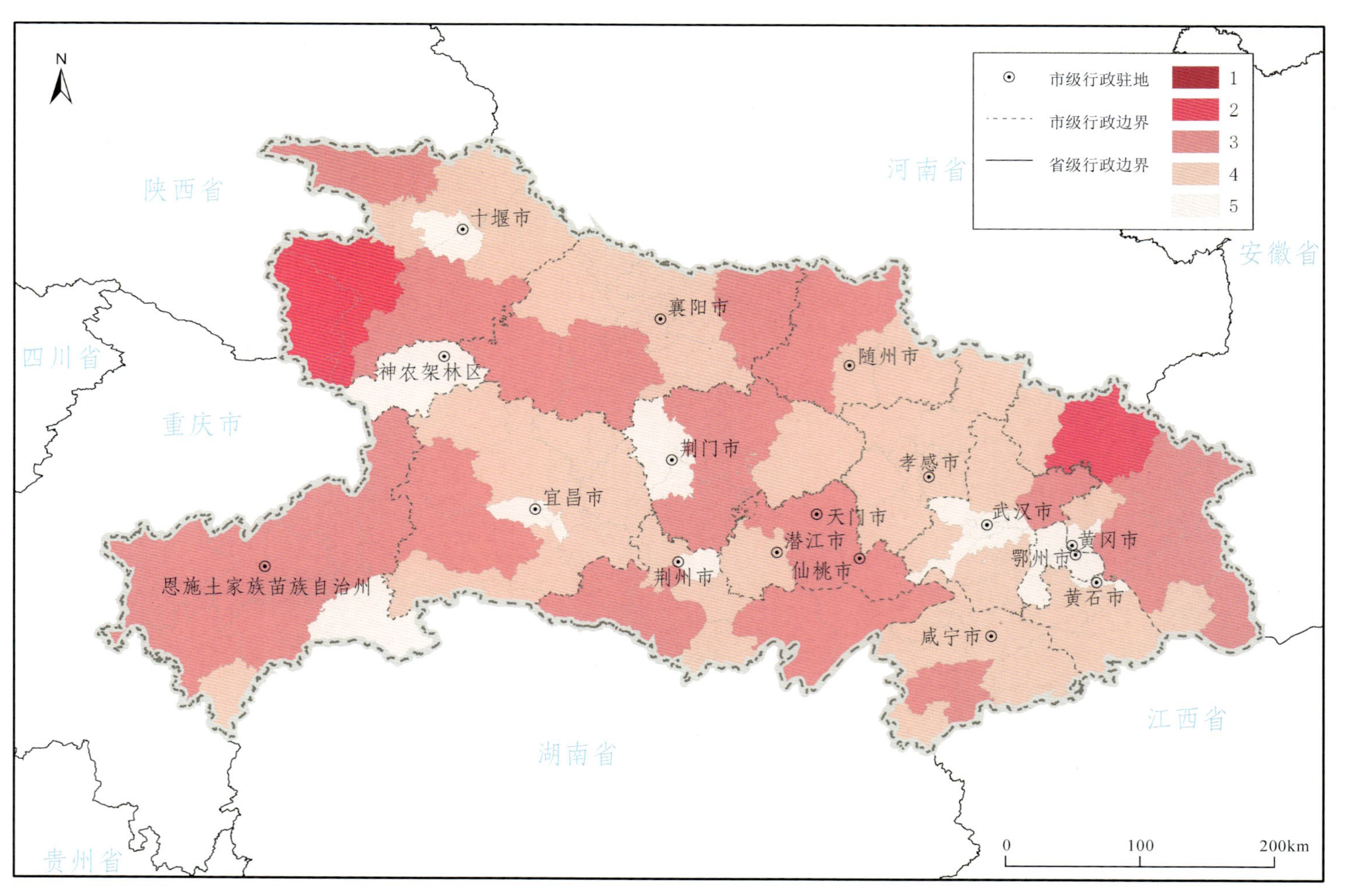

图 6－17　湖北省地震灾害人员死亡风险分级图(50 年超越概率 2%)

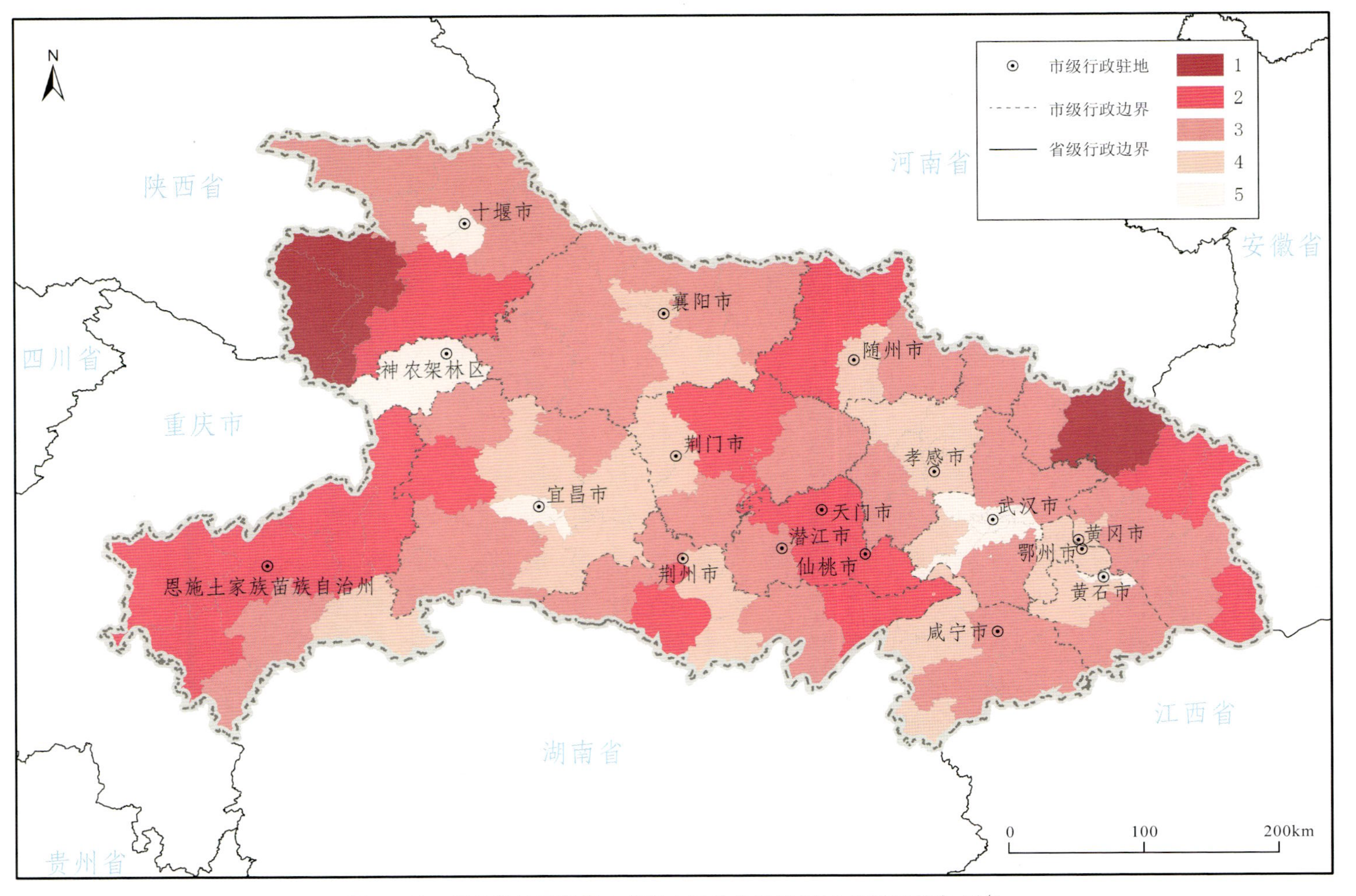

图6－18　湖北省地震灾害人员死亡风险分级图(100年超越概率1%)

由表6-17和图6-18可知，湖北省各县(市、区)在遭遇100年超越概率1%的地震作用下，其人员死亡风险等级为1级的县(市、区)有3个，人员死亡风险等级为2级的县(市、区)有16个，人员死亡风险等级为3级的县(市、区)有36个，人员死亡风险等级为4级的县(市、区)有29个，人员死亡风险等级为5级的县(市、区)有24个。

上述地震灾害人员死亡评估可以用于以下用途：

(1)辅助决策。政府部门、企事业单位和个人可以利用评估结果，对地震风险进行科学判断，做出合理的决策，例如：①制定地震应急预案。政府部门和企事业单位可以根据评估结果，制定科学的地震应急预案，明确应急响应措施和人员疏散方案，提高应急响应能力，减少地震造成的生命损失。②加强地震防灾减灾宣传教育。政府部门可以利用评估结果，加强地震防灾减灾宣传教育，提高公众的防震减灾意识和自救互救能力。③优化建筑物抗震设计。建筑设计单位可以利用评估结果，优化建筑物抗震设计，提高建筑物的抗震能力，减少地震造成的建筑物倒塌和人员伤亡。

(2)优化资源配置。政府部门可以利用评估结果，对不同地区的抗震减灾需求进行综合分析，优化资源配置，提高抗震减灾效益，例如：①重点加强高风险地区的地震防灾减灾工作。政府部门可以将有限的抗震减灾资源重点用于高风险地区，提高这些地区的抗震能力，减少地震造成的损失。②加强地震监测预警能力建设。政府部门可以利用评估结果，加强地震监测预警能力建设，提高地震预警的准确性和及时性，为人员疏散赢得时间。

(3)开展地震保险业务。保险公司可以利用评估结果，对地震风险进行科学评估，合理确定地震保险费率，提高地震保险业务的盈利能力，例如：①开发地震死亡保险产品。保险公司可以根据评估结果，开发地震死亡保险产品，为地震造成的人员死亡提供经济补偿。②开发地震救援保险产品。保险公司可以根据评估结果，开发地震救援保险产品，为地震造成的救援费用提供经济补偿。

(4)科学研究。地震灾害造成人员死亡风险评估可以为地震科学研究提供数据支持，例如：①研究地震灾害规律。研究人员可以利用评估结果，研究地震灾害的发生规律和发展趋势，为地震预测预报提供理论依据。②研究地震应急管理措施。研究人员可以利用评估结果，研究地震应急管理措施的有效性，提高地震应急管理水平。

第七章

结论与建议

此次湖北省地震灾害风险评估是首次基于全域房屋建筑逐栋调查数据和最新人口普查数据开展的，相比以往基于统计推演的数据，其数据的翔实性和完备性是前所未有的。同时，各类地震灾害风险评估模型是在十余年研发的基础上根据此次风险普查的要求发展而成，代表了最新的地震灾害风险评估成果。翔实完备的数据和最新的地震灾害风险评估模型相结合，给出了科学全面且符合湖北省实际的地震灾害风险结果。

第一节 结 论

(1)在100年超越概率1%水平下，湖北省地震危险性等级包括2级、3级和4级，以4级为主。其中，等级为2级的区域面积占比为2.33%，等级为3级的区域面积占比为44.76%，等级为4级的区域面积占比为52.91%。

(2)湖北省各县(市、区)在遭遇50年超越概率63%水平地震作用下，造成房屋破坏导致的人员死亡风险等级和建筑物直接经济损失风险等级均为低风险。

(3)湖北省各县(市、区)在遭遇50年超越概率10%水平地震作用下，地震灾害造成房屋破坏导致人员死亡风险情况为：中风险县(市、区)5个(竹山县、竹溪县、房县、公安县、麻城市)，中低风险县(市、区)43个，低风险县(市、区)60个。造成房屋破坏导致的建筑物直接经济损失风险情况为：中风险县(市、区)6个(洪山区、竹山县、竹溪县、房县、黄梅县、利川市)，中低风险县(市、区)32个，低风险县(市、区)71个。

(4)湖北省各县(市、区)在遭遇50年超越概率2%水平地震作用下，地震灾害造成房屋破坏导致人员死亡风险情况为：中高风险县(市、区)3个(竹山县、竹溪县、麻城市)，中风险县(市、区)29个，中低风险县(市、区)42个，低风险县(市、区)34个。造成房屋破坏导致的建筑物直接经济损失风险情况为：中高风险县(市、区)3个(竹山县、竹溪县、房县)，中风险县(市、区)21个，中低风险县(市、区)34个，低风险县(市、区)50个。

(5)湖北省各县(市、区)在遭遇100年超越概率1%水平地震作用下，地震灾害造成房屋破坏导致人员死亡风险情况为：高风险县(市、区)3个(竹山县、竹溪县、麻城市)，中高风险县(市、区)16个(秭归县、房县、钟祥市、公安县、洪湖市、罗田县、英山县、黄梅县、随县、恩施州、利川市、建始县、巴东县、咸丰县、仙桃市、天门市)，中风险县(市、区)36个，中低风险县(市、区)29个，低风险县(市、区)24个。造成房屋破坏导致的建筑物直接经济损失风险情况为：高风险县(市、区)1个(竹溪县)，中高风险县(市、区)11个(竹山县、房县、罗田县、英山县、黄梅县、麻城市、利川市、建始县、巴东县、宣恩县、咸丰县)，中风险县(市、区)27个，中低风险县(市、区)34个，低风险县(市、区)35个。

(6)湖北省不同地震概率水平下的地震灾害房屋破坏导致的直接经济损失结果表明，总体上，随着地震危险性的升高，经济损失值显著增长，城区因房屋建筑承灾体众多，因此其经济损失值相对较高。

(7)湖北省不同地震概率水平下的地震灾害房屋破坏导致的人员死亡结果表明，随着地震危险性的升高，死亡人员数量显著增多。对于地震人员死亡风险而言，因城镇房屋建筑大都经过正规设计和施工，其人员死亡风险相对较低，而农村地区虽人口密度小，但房屋建筑抗震能力相对较差，因此其人员死亡风险较高。

第二节 建 议

基于湖北省地震危险性评估结果和湖北省地震灾害风险评估结果，结合湖北省防震减灾事业发展第十四个五年规划，对湖北省防震减灾工作提出以下对策及建议。

(1)建议加强襄樊-广济断裂带、青峰断裂带等重点区域地震活动构造、地震活动断层探测，服务国土空间利用和重大工程规划。

(2)优化湖北省地震监测预测预警业务体系，优化监测站网、强化预测预报、科学发布预警，优先在地震中高及以上风险区(Ⅱ级)开展建设专用台网。

(3)建议优先在承灾体隐患等级达到重点的地区加快推进地震易发区房屋设施加固工程建设，完善房屋设施加固工程台账化管理制度，优先开展地震易发区重点区域抗震能力严重不足的房屋设施抗震加固，科学规划并高标准建设应急避难场所。

(4)对于评估结果为一般隐患的承灾体，通常需要进行抗震加固，建议进一步排查鉴定，根据鉴定结果采取相应的抗震加固措施，如进行框架柱加固、框架梁和次梁加固、增设托梁、增设隔震支座等。

(5)建议强化抗震设防，依法加强抗震设防要求管理，加强事中事后监管，构建建设单位、地方政府、行业部门和地震部门全链条监管体系；协同推进农村危房改造和地震高烈度设防地区农房抗震改造；完善应急避难场所规划布局，推进应急避难场所建设；推进提升通信、交通、供水供电等生命线工程防震抗震能力；推动重大工程建立地震安全监测和健康诊断系统，推广减隔震等抗震新技术应用。

(6)建议推动国土地震区划纳入国土空间规划。推动城市重要建筑、基础设施系统、社区抗震韧性评价及加固改造。推动构建权责清晰、管理有序、规范科学、多元共治的城市地震灾害风险防治责任体系。

主要参考文献

蔡友军，林均岐，刘金龙，等，2015. 基于贝叶斯模型的地震直接经济损失快速评估方法研究[J]. 地震工程与工程振动，35(2)：144-150.

陈香，2008. 福建省农业水灾脆弱性评价及减灾对策[J]. 中国生态农业学报，16(1)：206-211.

陈尧，林均岐，刘金龙，等，2017. 地震直接经济损失快速评估方法研究[J]. 世界地震工程，33(1)：188-193.

陈业新，1996. 湖北地震史论[J]. 华中师范大学学报(哲学社会科学版)(1)：75-79.

邓砚，苏桂武，许焕杰，2013. 中国区域防震减灾能力的综合评估[J]. 地震地质，35(3)：584-592.

杜志强，吴献，王丽娜，等，2009. 地震灾害快速评估国内外发展现状[J]. 土木工程建造管理(4)：212-215.

冯领香，冯振环，2013. 京津冀都市圈地震灾害脆弱性评价及城际差异分析[J]. 自然灾害学报(3)：162-169.

甘家思，1981. 湖北麻城 1932 年 6 级地震的孕震构造模式[J]. 西北地震学报(4)：43-48.

高孟潭，2015. GB 18306—2015《中国地震动参数区划图》宣贯教材[M]. 北京：中国质检出版社，中国标准出版社.

高孟潭，2016. 新一代国家地震区划图与国家社会经济发展[J]. 城市与减灾(3)：1-5.

高孟潭，肖和平，燕为民，等，2008. 中强地震活动地区地震区划重要性及关键技术进展[J]. 震灾防御技术(1)：1-7.

国家地震局，1996. 中国大陆地震灾害损失评估汇编[M]. 北京：地震出版社.

国家地震局震害防御司，1995. 中国历史强震目录(公元前 23 世纪—公元 1911 年)[M]. 北京：地震出版社.

韩静轩，2010. 地震灾害损失评估统计模型研究[D]. 北京：中国人民大学.

何芳芳，2011. 宝鸡市地震危险性分析[D]. 北京：中国地质大学(北京).

胡锦涛，2022. 湖北省中强地震震源机制和孕震环境研究[D]. 石家庄：河北工程大学.

胡聿贤，1999. 地震安全性评价技术教程[M]. 北京：地震出版社.

湖北地震志编纂委员会，1990. 湖北地震志[M]. 北京：地震出版社.

黄蕙，温家洪，司瑞洁，等，2008. 自然灾害风险评估国际计划述评Ⅰ：评估方法[J]. 灾害学，23(2)：112-116.

雷建成，高孟潭，吴健，2010. 双场点地震危险性分析方法及其应用[J]. 地震学报，32(3)：310－319.

李峰，李垠，薛军蓉，等，2007. 湖北随州 M_L4.7 地震序列基础资料分析[J]. 大地测量与地球动力学(S1)：56－61，88.

李恒，姚运生，陈蜀俊，2007. 地震损失分析中两个问题的探讨[J]. 大地测量与地球动力学(6)：82－85.

李恒，张静波，杨勇，2014. 巴东 5.1 级地震震害分析[J]. 大地测量与地球动力学，34(3)：20－22，27.

李西，周光全，郭君，等，2009. 地震灾害损失评估软件开发[J]. 地震研究，32(1)：84－88.

李潇昂，2021. 甘肃省地震灾害风险评估研究[D]. 三河：防灾科技学院.

李彦恒，史保平，张健，2008. 联结(Copula)函数在概率地震危险性分析中的应用[J]. 地震学报，30(3)：292－301.

李志强，徐敬海，李晓丽，2012. 亚洲巨灾划分研究[J]. 地震地质，34(4)：792－804.

李卓阳，王东明，肖遥，等，2023. 基于概率方法的地震灾害风险区划[J]. 防灾减灾学报，39(3)：12－19.

廉超，陈新强，孔宇阳，等，2018. 基于经验公式的湖北省历史地震目录修订[J]. 科学技术与工程，18(21)：1－9.

廉超，陈新强，乔岳强，等，2017. 788 年湖北房县西北地震核查[J]. 震灾防御技术，12(4)：758－766.

刘吉夫，陈颙，史培军，2008. 中国大陆地震风险分析模型研究[J]. 北京师范大学学报(自然科学版)(5)：520－523.

刘如山，余世舟，颜冬启，等，2014. 地震破坏与经济损失快速评估精细化方法研究[J]. 应用基础与工程科学学报，22(5)：928－940.

吕红山，赵凤新，2007. 适用于中国场地分类的地震动反应谱放大系数[J]. 地震学报(1)：67－76，114.

马干，史保平，凌华刚，2009. 华北地区地震危险性分析和地面运动预测的一致性方法[J]. 中国地震，25(3)：303－313.

米素婷，陈国星，吴昊，等，2004. 地震危险性分析中潜在震源区范围与震级上限的不确定性分析[J]. 地震(3)：87－94.

那伟，2008. 辽源市人地系统脆弱性与可持续发展研究[D]. 长春：东北师范大学.

潘华，2000. 概率地震危险性分析中参数不确定性研究[D]. 北京：中国地震局地球物理研究所.

潘华，高孟潭，谢富仁，2013. 新版地震区划图地震活动性模型与参数确定[J]. 震灾防御技术，8(1)：11－23.

齐玉妍，金学申，2009. 基于历史地震史料记载的地震危险性分析方法[J]. 震灾防御技术，4(3)：289－301.

申学林，魏贵春，丁文秀，等，2018. 湖北地区地震震源参数研究[J]. 中国地震，34(4)：781－787.

宋海龙，万红莲，文彦君，等，2015. 宝鸡地区自然灾害人口脆弱性评估[J]. 河南科学，33(12)：131－136.

苏飞，陈媛，张平宇，2013. 基于集对分析的旅游城市经济系统脆弱性评价：以舟山市为例[J]. 地理科学，33(5)：538－544.

孙柏涛，张桂欣，2017. 中国大陆建筑物地震灾害风险分布研究[J]. 土木工程学报，50(9)：1－7.

谭杰，李恒，蔡永建，等，2020. 湖北应城 4.9 级地震建筑物震害调查与分析[J]. 地震工程与工程振动，40(5)：206－215.

汤爱平，董莹，文爱花，等，1999. 国外地震风险评估和风险管理基础研究[J]. 世界地震工程，15(3)：26－32.

汪凡，2020. 震害损失综合评价的研究[D]. 北京：中国地震局地震预测研究所.

王东明，高永武，2019. 城市建筑群概率地震灾害风险评估研究[J]. 工程力学，36(7)：165－173.

王国新，梁树霞，2009. 改进的确定性地震危险性分析方法及其应用[J]. 世界地震工程，25(2)：24－29.

王静瑶，1981. 1979 年湖北巴东 5.1 级地震震源机制与地形变[J]. 地壳形变与地震(1)：93－100.

王秋良，张丽芬，廖武林，等，2016. 2014 年 3 月湖北省秭归县 $M4.2$、$M4.5$ 地震成因分析[J]. 地震地质，38(1)：121－130.

王曦，周洪建，张弛，2018. 地震灾害死亡人口快速评估方法对比研究[J]. 地理科学，38(2)：314－320.

王瑛，史培军，王静爱，2005. 中国农村地震灾害特点及减灾对策[J]. 自然灾害学报(1)：85－92.

魏贵春，陈俊华，张丽芬，2010. 堰塘滑坡的地震危险性分析[J]. 长江科学院院报，27(5)：88－91.

吴海波，姚运生，申学林，等，2015. 2014 年秭归 $M_s4.5$ 和 $M_s4.9$ 地震震源与发震构造特征[J]. 地震地质，37(3)：719－730.

吴建超，郑水明，李恒，等，2016. 2014 年 3 月 30 日湖北省秭归 $M4.7$ 地震房屋震害特征分析[J]. 地震工程学报，38(4)：669－672.

习聪望，2016. 地震灾害生命损失风险评估[D]. 兰州：中国地震局兰州地震研究所.

肖光先，1991. 震后灾害损失快速评估[J]. 灾害学，6(4)：12－17.

熊继平，1986. 湖北地震史料汇考[M]. 北京：地震出版社.

许建东，危福泉，张来泉，等，2008. 地震人员伤亡与压埋人员评估方法的初步研究：以福建省漳州市区为例[J]. 地震研究，31(4)：382－387，413.

许同生，刘茂，张秀华，等，2010. 城市地震风险整体评价方法及其应用[J]. 安全与环境学报，10(4)：189－196.

叶珊珊，翟国方，2010. 地震经济损失评估研究综述[J]. 地理科学进展，29(6)：684－692.

尹之潜，1995. 地震灾害及损失预测方法[M]. 北京：地震出版社.

余松，吴建超，胡庆，等，2024. 湖北省域不同超越概率水平下地震动峰值加速度比例关系[J]. 大地测量与地球动力学，44(5)：503－509.

俞言祥，2016. 新一代地震区划图地震动参数衰减关系预测方程的建立与特点分析[J]. 城市与减灾(3)：34－38.

俞言祥，李山有，肖亮，2013. 为新区划图编制所建立的地震动衰减关系预测方程[J]. 震灾防御技术，8(1)：24－33.

张桂欣，2020. 基于多元数据融合的区域地震灾害风险分级评价方法研究[D]. 北京：中国地震局工程力学研究所.

张桂欣，孙柏涛，陈相兆，2017. 分区分类的生命线工程地震直接经济损失研究[J]. 地震，37(4)：69－79.

张杰，王行舟，沈小七，2003. 引入地震构造法的场地影响烈度地震危险性分析：以皖西六大水库坝址为例[J]. 中国地震，19(1)：33－40.

张效亮，吴健，2021. 地震灾害调查与风险评估[J]. 城市与减灾(2)：10－13.

赵振东，林均岐，钟江荣，等，1998. 地震人员伤亡指数与人员伤亡状态函数[J]. 自然灾害学报，(3)：91－97.

中国地震局震害防御司，1999. 中国近代地震目录(公元前1912年—1990年 $M_s \geq 4.7$)[M]. 北京：中国科学技术出版社.

中华人民共和国国家质量监督检验检疫总局，中国国家标准化管理委员会，2015. 中国地震动参数区划图：GB 18306—2015[S]. 北京：中国标准出版社.

中华人民共和国质量监督检验检疫总局，中国国家标准化管理委员会，2005. 工程场地地震安全性评价：GB 17741—2005[S]. 北京：中国标准出版社.

中华人民共和国住房和城乡建设部，中华人民共和国国家质量监督检验检疫总局，2010. 建筑抗震设计规范：GB 50011—2010[S]. 北京：中国建筑工业出版社.

周本刚，陈国星，高战武，等，2013. 新地震区划图潜在震源区划分的主要技术特色[J]. 震灾防御技术，8(2)：113－124.

SHAHID A，KHAN M，ALI SHAH M，et al.，2003. 巴基斯坦沿海地区地震危险性分析[J]. 地震学报，25(4)：361－373.

ACHARYA H K，LUCKS A S，CHRISTIAN J T，1984. Seismic hazard in Northeastern United States[J]. International Journal of Soil Dynamics and Earthquake Engineering，3(1)：8－18.

BARBATA A H，PUJADES L G，LANTADA N，2008. Seismic damage evaluation in urban areas using the capacity spectrum method：Application to Barcelona[J]. Soil

Dynamics and Earthquake Engineering,28:851－865.

BRADLY B A,DHAKAL R P,CUBRINOVSKI M,et al,2007. Improved seismic hazard model with application to probabilistic seismic demand analysis[J]. Earthquake Engineering and Structural Dynamics,36(14):2211－2225.

BURTON I,KATES R W,WHITE G F,1993. The environment as hazard [M]. Oxford:Oxford University Press.

CORNELL C A,1968. Engineering seismic risk analysis[J]. Bull Seism SocAm,58(5):1583－1606.

CUI H Z,LO T Y,MEMON S A,et al,2012. Experimental investigation and development of analytical model for pre－peak stress － strain curve of structural lightweight aggregate concrete[J]. Construction and Building Materials,36(11):845－859.

ELLINGWOOD B R,2001. Earthquake risk assessment of building structures[J]. Reliability Engineering and System Safety,74(3):251－262.

HAYS W W,1998. Reduction of earthquake risk in the united states:Bridging the gap between research and practice[J]. IEEE Transactions on Engineering Management,45(2):176－180.

LIN S B,XIE L L,GONG M S,et al,2010. Performance－based methodology for assessing seismic vulnerability and capacity of buildings[J]. Earthquake Engineering and Engineering Vibration,9(2):157－165.

LU D G,YU X H,JIA M M,et al,2013. Seismic risk assessment for a reinforced concrete frame designed according to Chinese codes[J]. Structure and Infrastructure Engineering,10(10):1295－1310.

MITCHELL J, DEVINE N, JAGGER K,1989. A model of natural hazards[J]. Geographical Review,79:391－409.

MURRAY V, EBI K L, 2012. IPCC Special report on managing the risks of extreme events and disasters to advance climate change adaptation (SREX)[J]. Journal of Epidemiology & Community Health,66(9):759－760.

NORMAN F, EMDAD H,2003. Hazard risk assessment methodology for emergency managers: a standardized framework for application[J]. Natural Hazards,3(28):271－290.

PENNING—ROWESELL E C, CHATTERTON J B,1977. The benefits of flood alleviation: A manual of assessment techniques[M]. London:Gower Technical Press.

RACHEL A,1997. An urban earthquake disaster risk index[R]. Blume Earthquake Engineering Center.

ROBIN S,EMILY S,2008. The gobal earthquake vulnerability estimation system (GEVES):An approach for earthquake risk assessment for insurance applications[J].

Bulletin of Earthquake Engineering,6(3):463 - 483.

SCHMIDT E P,2006. Natural and technological hazards and risks affecting the spatial development of European regions[R]. Geological Survey of Finland.

SUN B T,ZHANG G X,2018. Study on vulnerability matrices of masonry buildings of mainland of China[J]. Earthquake Engineering and Engineering Vibration,17(2):251 - 259.

SUN B T,ZHANG G X,CHEN X Z,2018. The distribution of seismic capacity of buildings in mainland of China[C]//16th European Conference on Earthquake Engineering.

SUSAN H C,PHILIP S P,ROGER A P,et al,1995. Preliminary evaluation of the fire - related debris flows on Storm King Mountain,Glenwood Springs,Colorado[R]. U. S. Department of the Interior,Geological Survey.

XIA C, NIE G, FAN X, et al,2020. Research on the rapid assessment of earthquake casualties based on the anti - lethal levels of buildings[J]. Geomatics, Natural Hazards and Risk,11(1):377 - 398.

XIONG C,LU X Z,LIN X H,et al,2017. Parameter determination and damage assessment for THA - based regional seismic damage prediction of multi - story buildings[J]. Journal of Earthquake Engineering,21(3):461 - 485.